EINLEITUNG

IN DIE

THEORIE

DER

BEVÖLKERUNGSSTATISTIK

VON

W. LEXIS
DR. DER STAATSWISSENSCHAFTEN UND DER PHILOSOPHIE,
O. PROFESSOR DER STATISTIK IN DORPAT.

STRASSBURG
KARL J. TRÜBNER
1875.

Vorbemerkung.

Den Ausgangspunkt der nachstehenden Entwicklungen bilden die Arbeiten Knapp's über den Bevölkerungswechsel.[1]) Knapp hat zuerst den Gedanken durchgeführt, die durch Tod und Geburt veränderlichen menschlichen Gesammtheiten unmittelbar als solche in ihren zeitlich bestimmten Abgrenzungen zu betrachten, ihnen also gleichsam ihre natürlichen Dimensionen zu lassen, anstatt sie zu Linien zusammen zu ziehen. Ich habe versucht, diese Auffassung zu erweitern und die allgemeine Methode darzulegen, nach welcher statistische Massen als solche in mehreren Veränderungen verschiedener Art verfolgt werden können. Eine solche Masse entsteht im allgemeinen durch Zusammenfassung discreter Elemente, die sich zu verschiedenen Zeiten in einem bestimmten Zustande befinden, in einem und demselben Zeitpunkt also die Ungleichheiten aufweisen, die durch ihre verschiedenen zeitlichen Abstände vom Anfangszustande bedingt werden. Treten nun die einzelnen Elemente nach und nach in einen neuen Zustand ein, so bieten sie der Betrachtung in einem gegebenen Augenblicke eine noch grössere Verschiedenheit nach ihren zeitlichen Bestimmungsstücken, da sich nun die verschiedenen Anfangspunkte des ersten mit denen des zweiten Zustandes combiniren. Und so wird die Mannigfaltigkeit der Elemente immer grösser, je mehr Arten von successiven Zustandsänderungen berücksichtigt werden. Es scheint mir, dass diese allgemeine Darstellung der Behandlung statistischer Massen ein theoretisches Interesse behält, auch wenn die Praxis nur eine beschränkte Anwendung derselben gestatten sollte.

Möglich und wünschenswerth ist jedenfalls die Anwendung dieser Methode auf die Sterblichkeitsverhältnisse. Zur Ableitung der hierher

---

[1]) G. F. Knapp, Ueber die Ermittlung der Sterblichkeit aus den Aufzeichnungen der Bevölkerungsstatistik, Lpzg. 1868. Ders., Die Sterblichkeit in Sachsen, Lpzg. 1869. Ders., Theorie des Bevölkerungswechsels, Braunschw. 1874.

gehörenden Sätze habe ich mich einer einfachen graphischen Darstellung bedient, die derjenigen sehr nahe steht, welche Becker[1]) in seiner neuesten Abhandlung als Vereinfachung der zweiten Construction Knapps gegeben hat. Im Text ist die Becker'sche Arbeit nicht mehr berücksichtigt, da beim Erscheinen derselben die ersten Bogen der vorliegenden Schrift — deren Ausgabe sich durch meine Uebersiedlung nach Dorpat verzögert hat — bereits unter der Presse waren. Die Uebereinstimmungen mit Becker beruhen daher auf zufälligem Zusammentreffen, was ich hier bemerke, ohne den Prioritätsrechten dieses scharfsinnigen Statistikers zu nahe treten zu wollen. Uebrigens glaube ich, dass meine planimetrische Darstellung auch neben der Becker'schen noch eine gewisse Eigenthümlichkeit in Anspruch nehmen darf, namentlich wegen der Einführung des Punkteninhalts. Die stereometrische Construction bei mehrfachen Veränderungen ist ein Versuch auf einem neuen Gebiete, dem ich, wie eben bereits angedeutet wurde, zunächst nur ein theoretisches Interesse beilegen will.

Der letzte Abschnitt hat den Zweck, das Verhältniss der Statistik zur Wahrscheinlichkeitsrechnung zu beleuchten und die praktische Benutzung der wichtigsten Formeln dieser Rechnung auch denjenigen zu erleichtern, die sich mit der Theorie derselben nicht befassen können.

Schliesslich bemerke ich noch, dass ich den Ausdruck „Theorie der Bevölkerungsstatistik" gern mit einem anderen vertauscht hätte, der bestimmter erkennen liesse, dass ich hauptsächlich nur die Untersuchung der in Veränderung begriffenen Bevölkerungsmassen im Auge hatte, nicht aber die Methoden zur numerischen Feststellung eines Anfangszustandes derselben. Der Knapp'sche Ausdruck „Bevölkerungswechsel" bezieht sich vorerst nur auf die durch Tod und Geburt oder überhaupt durch Ab- und Zugang erzeugten Veränderungen; es dürfte sich aber wohl empfehlen, der Bedeutung desselben eine solche Erweiterung zu geben, dass er die ganze Reihe der statistisch bedeutsamen Veränderungen menschlicher Gesammtheiten umfasste.

Dorpat, im October 1874.

Dr. W. Lexis.

[1]) Zur Berechnung von Sterbetafeln an die Bevölkerungsstatistik zu stellende Anforderungen, Berlin 1874. Ein ähnliches Schema, jedoch nur zur Erläuterung eines besonderen Falles dienend, findet sich bei O. Brasche, Beitrag zur Methode der Sterblichkeitsberechnung, Würzb. 1870.

Inhalt.

Berichtigungen und Einschaltungen.

Die Zeichnung von Fig. 1 entspricht nicht genau dem Text (S. 7), da die Winkel $\Phi' Z'' O$, $\Pi Z' O$ u. s. w. etwas kleiner als 45° sind. Das Verständniss wird jedoch dadurch nicht beeinträchtigt.

S. 20, Z. 14 v. u. ist die Paragraphen-Nummer „18." beizufügen.

S. 33, Z. 11 v. u. ist nach „niederländischen Statistik" einzuschalten: „(Vgl. Stat. Bescheiden voor het Koningr. d. Nederlanden, VI. deel, 1. Stuck, 's Gravenh. 1873)."

S. 41, Z. 20 v. u. nach „gegeben wird" die Anmerkung: „In den letzten Jahren hat die belgische Statistik statt dieser Altersclassen die Unterscheidung nach Geburtsmonaten, resp. Geburtsquartalen, eingeführt. Vgl. Documents statistiques, T. XIII, Brux. 1869, p. 36."

S. 48, Z. 8 v. u. nach „Reichsstatistik" einzuschalten: „(für die überseeische Auswanderung)."

S. 55, Z. 19 v. u. nach „Zollvereinsstatistik" die Anmerkung: „Die hier und an anderen Stellen erwähnten Vorschläge sind eigentlich nicht von dem Plenum der Commission, sondern von der Subcommission für die Bewegung der Bevölkerung gemacht worden.

S. 112, Z. 14 v. u. statt „immer genauer" l. „sehr nahe."

I. Einleitung.

1. Die Aufgabe der wissenschaftlichen Bevölkerungsstatistik besteht in der methodischen Gruppirung und Untersuchung der Thatsachen, die sich aus der exacten Massenbeobachtung der allgemein bedeutsamen Lebensmomente der menschlichen Individuen ergeben.

Als allgemein bedeutsame Lebensmomente sind diejenigen zu betrachten, welche die Grundlage des normalen Daseins einer gesitteten menschlichen Gesellschaft bilden. Es sind Ereignisse von ungeschichtlichem Charakter, weil ihnen die Eigenartigkeit und concrete Individualität der historischen Erscheinungen fehlt, aber ihre entscheidende Bedeutung für die Gestaltung der menschlichen Gesammtexistenz wird dadurch nicht geschmälert.

Diese ungeschichtlichen, aber doch allgemein wichtigen Lebensereignisse der Individuen, die im Einzelnen nicht verfolgt werden können, vereinigen sich zu Massenerscheinungen, die eine wissenschaftliche Behandlung und Untersuchung gestatten. Jede bedeutsame Zustandsänderung eines Individuums bedingt auch eine Zustandsänderung der Masse, in die man es eingeschlossen hat; die Aenderungen dieser letzteren aber werden selbst wieder als Massenerscheinungen aufgefasst und beobachtet.

Bei der Bildung von Massen für die statistische Beobachtung verschwindet das Individuum als solches, und es erscheint nur noch als eine Einheit in einer Zahl von gleichartigen Gliedern, die gewisse Merkmale gemein haben und von deren sonstigen individuellen Unterschieden abstrahirt wird. Die Zahl ist also das Wesentliche für die Bestimmung einer solchen Gruppe, und die statistische Massenbeobachtung wird daher eine specifisch zahlenmässige sein müssen.

2. Die Zusammenfassung der zu beobachtenden Massen erfolgt zunächst nach qualitativen Merkmalen, wie Wohngebiet, Staatsangehörigkeit, Geschlecht, Familienstand u. s. w. Jedoch hat diese qualitative Abgrenzung der Masse auf die Methode der weiteren Behandlung derselben keinen Einfluss. Wir werden uns im allgemeinen an die Vorstellung der

Bevölkerung eines Staatsgebietes halten, die nur nach dem Merkmale des Geschlechtes in zwei grosse Abtheilungen zerlegt ist.

Innerhalb einer jeden dieser Hauptgruppen werden wir nun die Individuen nur noch mittels gewisser absoluten oder relativen Zeitbestimmungen unterscheiden, die man als quantitative Merkmale bezeichnen kann. Die absoluten zeitlichen Bestimmungsstücke eines Individuums sind der Geburtszeitpunkt, auf irgend einen festen Anfangspunkt der Zeitrechnung bezogen, und die ebenso bestimmten Zeitpunkte der Beobachtung der Zustände oder Zustandsänderungen, die in Betracht gezogen werden; die relativen Zeitbestimmungen dagegen werden auf den Anfang der Existenz der Individuen oder auch auf irgend einen anderen bestimmten Punkt im Leben derselben bezogen.

3. Das bevölkerungsstatistische Material wird durch unmittelbare Beobachtung an den Individuen gewonnen, nicht also durch Beobachtung der Massenergebnisse der menschlichen Thätigkeit (Production, Handel u. s. w.). Jedoch schliessen wir diejenigen Untersuchungen aus, welche die menschlichen Individuen wesentlich nach ihrer physischen Seite, als Naturwesen im normalen oder abnormen Zustande erfassen (anthropologische und medicinische Statistik), sowie diejenigen, welche sich mit gewissen Massenerscheinungen des intellectuellen und moralischen Lebens beschäftigen. Es bleibt dann als eigenthümliche Aufgabe der Bevölkerungsstatistik übrig die zahlenmässige Untersuchung der normalen Bedingungen des Bestandes und des Wechsels einer Bevölkerungsmasse. Eine solche Masse bestimmt und ändert sich dadurch, dass ihre Mitglieder geboren werden, altern, sich verheirathen, sich vermehren, verwittwen, wiederholt heirathen und sterben. Ausserdem sind wegen der Beschränkung der Untersuchung auf ein begrenztes Staatsgebiet die Zu- und Abzüge zu berücksichtigen.

Die Theorie der Bevölkerungsstatistik hat nun die Grundsätze aufzustellen, nach denen diese Massenerscheinungen, die Gesammtergebnisse von zahlreichen, gewissermassen molecularen Einzelprocessen, zu beobachten und wissenschaftlich zu bewältigen sind.

4. Selbstverständlich hängt die Art der Aenderung einer Bevölkerungsmasse wesentlich von der Art ihrer Abgrenzung und namentlich von dem Verhältniss ab, in dem die absoluten und die relativen Bestimmungsstücke zu der Abgrenzung verwendet werden.

Demnach wird die erste Aufgabe der auf das quantitative Gebiet beschränkten Bevölkerungsstatistik in der Darlegung bestehen, wie mit Hülfe der zu Gebote stehenden Unterscheidungsmerkmale Massen von Individuen abgegrenzt, zerlegt und zusammengesetzt werden können. Diese Aufgabe ist eine rein formale; handelt es sich um Massen, von denen die eine mit verändertem Zustande aus der anderen hervorgeht, so ist es nicht einmal nöthig, die besondere Art der Zustandsänderung anzugeben, denn die Ergebnisse der allgemeinen Betrachtung gelten überhaupt für jede Zustandsänderung.

Am einfachsten gestaltet sich die Aufgabe natürlich, wenn nur eine einzige Zustandsänderung in Betracht gezogen wird, z. B. das Sterben des Lebenden. Die Individuen können in diesem Falle nur nach drei Bestimmungsstücken unterschieden werden, nämlich nach Geburtszeitpunkt, Sterbezeitpunkt und dem relativen Unterscheidungsmerkmale des Alters, und zwar sind diese drei Elemente nicht unabhängig von einander, sondern durch eine Gleichung verbunden. Zur Zerlegung der Masse gibt es folglich keine anderen Mittel, als Grenzbestimmungen für Geburtszeit, Sterbezeit und Sterbealter.

Werden aber mehrere aufeinander folgende Zustandsänderungen der Individuen in der Masse beobachtet, so vervielfältigen sich die Bestimmungsstücke und folglich auch die Theilmassen, die durch die Combinationen derselben abgegrenzt werden können. Handelt es sich z. B. um die Reihe: Geburt, Heirath, Tod, so kommen zu den eben angeführten drei Bestimmungsstücken noch drei andere, nämlich das absolute: „Trauungszeitpunkt“ und die relativen: „Trauungsalter“ und „Ehedauer“. Diese sechs Elemente aber sind durch drei Gleichungen verbunden.

5. Diesem rein formalen Theil schliesst sich ein mehr empirischer Abschnitt der Theorie an. Es wird in demselben erörtert, welche Massenbegrenzungen sich für die Zwecke der Bevölkerungsstatistik besonders eignen, und durch welche Methoden der Erhebung die theoretisch bestimmten Gesammtheiten am besten wirklich numerisch ermittelt werden können. Nicht alle Abgrenzungen oder Formen von Gesammtheiten können mit gleicher Leichtigkeit mit empirischem Material ausgefüllt werden, und die Theorie hat sich nach dem zu richten, was praktisch erreichbar ist. Ist die unmittelbare Erhebung einer Gesammtheit, d. h. einer nach der Theorie abgegrenzten Masse, von der Praxis nicht zu erlangen, so ist zu untersuchen, ob sich diese Grösse nicht mittelbar, nämlich mit Hülfe der zwischen den verschiedenen Gesammtheiten bestehenden Beziehungen, ableiten lasse. Endlich ist es Aufgabe der Theorie, zu zeigen, wie sich auch an sich unvollständiges Material wenigstens zur genäherten Feststellung der wichtigsten Gesammtheiten verwerthen lasse.

6. Ist es nun gelungen, das theoretisch geordnete Fachwerk mit

empirischem Stoffe auszufüllen, so hat man also einen durchsichtig gegliederten Complex von verschiedenartig charakterisirten Gruppen, die zum Theil auseinander hervorgegangen sind, zum Theil nebeneinander in gewissen Beziehungen stehen. Eine grosse Menge von wirklich beobachteten Thatsachen ist in eine Ordnung gebracht worden, welche den factischen Zusammenhang erkennen lässt, der zwischen denselben bestanden hat.

Es erhebt sich nun die weitere Frage, ob die Beobachtungen der Vergangenheit einen Schluss auf die analogen Vorgänge in der Zukunft gestatten, d. h. ob in der Zukunft ähnliche numerische Beziehungen zwischen den verschiedenen Gesammtheiten zu erwarten sind, wie die, welche sich aus einer grossen Anzahl von vergangenen Thatsachen ergeben haben. Es handelt sich also um einen Inductionsschluss aus dem Geschehenen auf das, was unter ähnlichen Verhältnissen geschehen wird. Wir nähern uns somit der Methode der physikalischen Wissenschaften und dürfen daher wohl den dritten Abschnitt der Theorie der Bevölkerungsstatistik als den physiologischen bezeichnen.

Wie bereits angedeutet, können zwei Arten von Beziehungen der Gesammtheiten in Betracht kommen: einestheils die Zahlenverhältnisse solcher Gesammtheiten, von denen die eine aus der anderen hervorgegangen ist, und anderntheils die Zahlenverhältnisse derjenigen, die unabhängig von einander entstanden sind. Zu der ersten Kategorie gehört z. B. das Verhältniss der Kinder, die, in einem gegebenen Jahre geboren, im Laufe des ersten Lebensjahres sterben, zu der Gesammtzahl der Geborenen jenes Jahres. Eine Beziehung der zweiten Art aber ist z. B. das Verhältniss der Knaben- und Mädchengeburten in einem gegebenen Jahre.

Wir werden uns im Folgenden vorzugsweise mit den Evolutionen der Massen durch innere Veränderung beschäftigen, also wesentlich nur mit Verhältnissen der ersten Art zu thun haben. Dieselben führen unmittelbar zur Anwendung der Wahrscheinlichkeitsrechnung, indem sie sich auf den Gesichtspunkt zurückführen lassen, dass eine gegebene Anzahl von Versuchen (nämlich mit allen Individuen der Masse) angestellt worden, aus dem eine ebenfalls gegebene Zahl von Resultaten einer bestimmten Art hervorgegangen ist. Die Behandlung der beobachteten Ergebnisse nach den Regeln der Wahrscheinlichkeitsrechnung gibt dann auch einen exacten, aber hoch gespannte Erwartungen vielleicht nicht befriedigenden Aufschluss über die Frage, wie fern von einer „Gesetzlichkeit“ innerhalb der bevölkerungsstatistischen Erscheinungen die Rede sein kann.

In den folgenden Capiteln ist übrigens die hier angedeutete Eintheilung der Theorie der Bevölkerungsstatistik in einen formalen, einen empirischen und einen physiologischen Theil nicht streng beibehalten worden. Für die Mortalitätsstatistik ist sie durchgeführt; dagegen schien es zweckmässiger, die Massenerscheinungen mit mehreren Veränderungen, zu deren vollständigen Behandlung ohnehin bisher kein genügendes Material vorhanden ist, in einem besonderen Abschnitt für sich allein zu erörtern.

II. Formale Behandlung der Massenerscheinungen der Sterblichkeit.

7. Als Beispiel einer Masse mit einer einzigen Veränderung betrachten wir die Bevölkerung eines Gebietes und eines Geschlechtes mit Rücksicht auf das Sterben der Geborenen.[1]) Das in diesem Falle einzuschlagende Verfahren gilt auch für die Darstellung jeder anderen Art von Zustandsänderungen der Geborenen.

Die Durchführung unseres Beispiels ergibt die formale Theorie der Mortalitätsstatistik, die übrigens nicht nur die Mortalität, sondern auch deren Correlat, die Vitalität, umfasst.

Sehen wir vorläufig von den Aus- und Einwanderungen ab, so haben wir also eine Masse von Individuen zu betrachten, die sich für uns lediglich dadurch von einander unterscheiden, dass sie zu verschiedenen Zeitpunkten geboren sind und zu verschiedenen Zeitpunkten in verschiedenem Alter sterben. Daher kann auch die Masse nur mit Hülfe dieser Unterscheidungsmerkmale zerlegt werden. Die Zerlegung, welche gewissermaassen die innere Structur der Masse offen legt, lässt sich am einfachsten mittels einer graphisch-schematischen Darstellung übersehen.

Es sei (Fig. 1) ON eine Coordinatenaxe, auf welcher von irgend einem festen Anfangspunkt der Zeitrechnung O an gerechnet, die Geburtszeiten der Individuen durch Punkte bezeichnet werden. Diese Geburtspunkte folgen discontuirlich und mehr oder weniger dicht auf einander; will man die Dichtigkeit der Geburten an verschiedenen Stellen der Axe vergleichen, so ist als Ausdruck derselben die Zahl der Geburten zu nehmen, die auf gleichen Strecken von solcher Länge liegen, dass die zugehörige Geburtenzahl schon als eine grosse behandelt werden kann.

[1]) Man könnte auch die Geburt als eine Zustandsänderung der Individuen ansehen, aber es scheint mir natürlicher, sie als absoluten Ausgangspunkt der Elemente der Masse aufzufassen.

Man kann zunächst zwei Arten von Geburtspunkten unterscheiden, von denen sich die einen auf die Lebendgeborenen, die anderen auf die Todtgeborenen beziehen. Wir betrachten hier nur die ersteren.

Von den Geburtspunkten aus rechnen wir nun das Alter der Individuen senkrecht zur Geburtenaxe und parallel zu der Altersaxe $O\Omega$, und dasjenige Alter, in welchem die hier betrachtete Zustandsänderung, nämlich der Tod, eintritt, denken wir uns für jedes Individuum auf der zugehörigen Ordinate durch einen Punkt bezeichnet.

So bedeckt sich also die Ebene $\Omega O N$ mit zerstreuten Sterbepunkten, deren Andeutung in der Figur wir nicht für nöthig halten. Wir schliessen die Ebene durch die Linie ΩX, welche parallel zu $O N$ in einem Abstande läuft, welcher dem höchsten vorkommenden Alter $O\Omega = \omega$ entspricht. Nach Rechts kann man sich die Figur ins Unbestimmte ausgedehnt denken.

Auf jeder Lebens-Ordinate liegt nur ein Sterbepunkt, aber bei grosser Geburtendichtigkeit werden schon aus einer kleinen Geburtsstrecke Sterbepunkte in den verschiedensten Altersstufen von 0 bis ω hervorgehen.

So hätten wir also die Veranschaulichung einer beliebig viele Generationen umfassenden Masse von Individuen mit den jeden Einzelnen vollständig charakterisirenden Unterscheidungsmerkmalen der Geburtszeit und des Sterbealters, aus welchen sich auch die Sterbezeit bestimmt.

Die so dargestellte Punktenmasse kann nun zuvörderst zerlegt werden durch Parallelen zu den beiden Axen.

Werden die Geburtszeiten (die Abscissen) allgemein ausgedrückt durch n, so stellt z. B. die Gleichung $n = OP$ die Senkrechte $P\Pi$ dar.

Dieselbe trennt die Sterbepunkte der Individuen, die vor der Zeit OP geboren sind, von den Sterbepunkten derjenigen, die später gestorben sind.

Werden ferner die Alter (die Ordinaten) allgemein mit a bezeichnet, so ist $a = OQ$ die Gleichung der Linie QA, welche die Sterbepunkte derjenigen, die vor Erreichung des Alters OQ gestorben sind, von denjenigen scheidet, die einem höheren Alter entsprechen.

Endlich ist noch eine dritte Theilung der Punktebenen möglich, und zwar in der Art, dass die Sterbefälle, die vor einem gegebenen absoluten Zeitpunkte (der Beobachtungszeit) erfolgt sind, von denjenigen getrennt werden, die über diesen Zeitpunkt hinaus liegen.

Ist z die allgemeine Bezeichnung der Beobachtungszeit, so würde für Sterbepunkte, welche genau in den Zeitpunkt z fielen, die Gleichung

$$n + a = z$$ gelten.

Nehmen wir nun für z einen festen Werth an, der auf der Geburtenaxe abgemessen, also dem Alter 0 entsprechend, gleich OZ' sei, und lassen wir a continuirlich alle Werthe von 0 bis ω durchlaufen, so geht n rückwärts durch alle Werthe von z (oder OZ') an bis $z - \omega$. Die obige Gleichung stellt also die Gerade $Z\Pi$ vor, die bei weiterer Verlängerung auch die Axe $O\Omega$ im Abstande z vom Punkte O schneiden würde und mit beiden Axen nach O hin einen Winkel von 45^0 bildet.

Gehört nun zu irgend einem in der Strecke $z - \omega$ bis z (oder PZ') liegenden Geburtspunkte ein Sterbealter, welches niedriger ist, als es die obige Gleichung bedingt (nämlich niedriger als $z - n$), so liegt der Sterbepunkt des betreffenden Individuums unterhalb der Scheidelinie $Z'\Pi$, nach O hin; ist aber das Sterbealter höher, als es sich mit Hülfe des zugehörigen n aus der obigen Gleichung bestimmen würde, so liegt der Sterbepunkt oberhalb jener Linie.

Letztere scheidet also diejenigen, welche vor der Zeit z sterben, von denjenigen, deren Tod erst nach dieser Zeit eintritt. In Betreff der n, welche über z hinausgehen, ist es selbstverständlich, dass die zugehörigen Sterbefälle erst nach der Zeit z eintreten können; und was die vor der Zeit $z - \omega$ (oder OP) Geborenen anbelangt, so ist es einleuchtend, dass diese nothwendig vor der Zeit z gestorben sein müssen, weil sie andernfalls das Maximalalter ω überschritten hätten.

8. Man hat also zur Zerlegung der Punktenebene und zur Abgrenzung besonderer Gesammtheiten von Punkten drei Systeme von Linien zur Verfügung, die den drei Bestimmungsstücken der Individuen entsprechen:

Parallelen zur Altersaxe oder Geburtsgrenzlinien, bestimmt durch die Gleichung $n = \text{const.}$;

Parallelen zur Geburtenaxe oder Altersgrenzlinien, mit der Gleichung $a = \text{const.}$;

Zeitgrenzlinien oder isochronische Linien, die gegen die Geburtenaxe nach O hin unter 45^0 geneigt sind. Man kann diese ebenfalls durch Angabe einer Abscisse bestimmen, die wir aber nicht mit n sondern mit z bezeichnen, um anzudeuten, dass die von dem Endpunkte derselben auslaufende Linie nicht senkrecht, sondern geneigt zur Axe ON zu ziehen ist.

Es seien nun gegeben zwei Abscissen n' und n'' (etwa OP und OP'), so sondern die zugehörigen Geburtsgrenzlinien das Rechteck $PP'\Pi'\Pi$ ab, dessen Inhalt an Sterbepunkten offenbar gleich ist der Zahl der Individuen, die lebend aus der Geburtenaxe in die Punktenebene hinausgetreten sind, mit anderen Worten, der Punkteninhalt[1]) des Rechtecks ist gleich der Zahl der lebend Geborenen in der Geburtsstrecke $n'' - n'$. Man kann diesen Punkteninhalt — eine Anzahl von Individuen mit gewissen Merkmalen — durch Angabe der Grenzen des betreffenden Flächenstückes symbolisch ausdrücken, etwa durch $[n', n'', o, \omega]$; selbstverständlich aber darf man Punkteninhalt und Flächeninhalt nicht miteinander verwechseln.

Zieht man nun ferner irgend eine, dem Alter a entsprechende, Altersgrenzlinie QA, so wird das eben betrachtete Rechteck in zwei ebenfalls rechteckige Stücke zerlegt. Das eine, $PP'bc$, enthält die Sterbepunkte derjenigen, die, in der Strecke $n'' - n'$ geboren, vor Erreichung des Alters a gestorben sind. Der Punkteninhalt dieses Rechtecks, also die Zahl der eben charakterisirten Verstorbenen, wird bezeichnet durch $[n', n'', o, a]$.

Der Punkteninhalt des Rechtecks $bc\Pi\Pi'$ dagegen, symbolisch dargestellt durch $[n', n'', a, \omega]$, ist offenbar gleich der Zahl derjenigen, die derselben Geburtsstrecke entstammen, aber in einem höheren Alter als a, bis zum höchstmöglichen ω hinauf, gestorben sind; mit anderen Worten der Punkteninhalt dieses Rechtecks ergibt die Zahl derjenigen, die, in der Strecke $n'' - n'$ geboren, das Alter a lebend erreichen.

Es ist dies Knapp's erste Hauptgesammtheit von Lebenden, eine Gesammtheit von Gleichalterigen, die in verschiedenen Zeitpunkten geboren sind und das Alter a in der Zeitstrecke von $n' + a$ bis $n'' + a$ erreichen.

Man kann diese Hauptgesammtheit auch bestimmen, wenn statt der Geburtsgrenzen n' und n'' die Zeitgrenzen z' und z'' gegeben sind, in denen das Alter a erreicht werden soll. Es ergeben sich sofort für die zugehörigen Geburtsgrenzen die Werthe $z' - a$ und $z'' - a$, und das Symbol der Gesammtheit tritt nur in einer abgeänderten Form auf:

$$[z' - a, z'' - a, a, \omega].$$

9. Es seien ferner wiederum gegeben zwei Abscissen n' und n'' (OP' und OP'''), durch welche das Rechteck $P'P'''\Pi'\Pi'''$ abgegrenzt wird; und ausserdem die isochronische Linse $Z'\Pi$, entsprechend der Beobachtungszeit z (OZ'). Jenes Rechteck wird also in zwei Trapeze zerlegt, und zwar ist der Punkteninhalt des einen, $P'P'''em$, gleich der Zahl derjenigen, die, in der Strecke $n'' - n'$ geboren, vor der Zeit z gestorben sind, also zur Zeit z noch leben. Die erstere Zahl wird nach

[1]) Wenn im Folgenden von dem Punkteninhalt eines Flächenstückes die Rede ist, so sind selbstverständlich die einer anderen Kategorie angehörenden Geburtspunkte in der Geburtenaxe nicht mitgerechnet.

unserer Bezeichnungsweise ausgedrückt durch $[n', n'', o, z]$, die letztere durch $[n', n'', \omega, z]$.

Dieses letztere Symbol repräsentirt die zweite Hauptgesammtheit von Lebenden (nach Knapp die dritte), eine Gesammtheit von Gleichzeitigen, die derselben Geburtsstrecke angehören und zwischen den Grenzen $z - n''$ und $z - n'$ in verschiedenen Altern stehen.

Sind statt der Geburtsgrenzen n' und n'' die Altersgrenzen a' und a'' gegeben, so erhält man einen nur formell verschiedenen Ausdruck für diese Gesammtheit, nämlich $[z - a'', z - a', \omega, z]$.

Eine besondere Form dieser Hauptgesammtheit entsteht bei der Annahme $n'' = z$, der die Ausdrücke $[n', z, \omega, z]$ oder $[z - a'', z - o, \omega, z)$ entsprechen. Dieselbe wird dargestellt durch den Punkteninhalt des Trapezes $\Pi' \Phi'' Z' m$, welcher der Zahl derjenigen gleich ist, die, nach der Zeit n' geboren, zur Beobachtungszeit noch leben. Liegt der Anfangspunkt der Geburtsstrecke um den vollen Betrag des Maximalalters ω zurück, ist also $n' = z - \omega$, (oder OP), so ergibt sich der Punkteninhalt des gleichschenkeligen rechtwinkeligen Dreiecks $\Pi Z' \Phi''$ als Darstellung der Gesammtzahl aller Lebenden zur Beobachtungszeit z.

10. Sind ausser den Grenzen einer Geburtsstrecke n' und n'' (OP und OP') zwei Altersgrenzen a' und a'' (OQ und OQ') gegeben, so erhalten wir das Rechteck $b\,c\,g\,h$, dessen Punkteninhalt offenbar die Gesammtheit derjenigen repräsentirt, die aus der Geburtsstrecke $n'' - n'$ stammen und zwischen den Altersgrenzen a' und a'' gestorben sind.

Es ist dies die Knapp'sche erste Hauptgesammtheit von Verstorbenen, und dieselbe ist nach unserer Methode zu bezeichnen durch $[n', n'', a', a'']$.

Die Zeitstrecke, innerhalb welcher diese Todesfälle erfolgt sind, liegt zwischen den Grenzen $n' + a'$ und $n'' + a''$; ihre Grösse ist also

$$(n'' - n') + (a'' - a').$$

Charakterisiren wir den Punkteninhalt einer Figur im Gegensatz zu dem Flächeninhalt derselben durch $P.J.$, so erkennt man sofort, dass

$$P.J.(b\,c\,g\,h) = P.J.(b\,c\,\Pi\,\Pi') - P.J.(g\,h\,\Pi\,\Pi'),$$

oder in den symbolischen Bezeichnungen nach § 8:

$$[n', n'', a', a''] = [n, n'', a', \omega] - [n, n'', a'', \omega] \quad \ldots\ldots\ (1).$$

Die erste Hauptgesammtheit der Verstorbenen lässt sich also durch die Differenz zweier Hauptgesammtheiten gleichalteriger Lebender[1]) aus derselben Geburtsstrecke ausdrücken.

[1]) Die Symbole für die Gesammtheiten der Lebenden sind immer sofort dadurch zu erkennen, dass in ihnen das Maximalelter ω vorkommt.

Es seien ferner ausser der Geburtsstrecke n' bis n'' ($= P' P'''$) zwei Beobachtungszeiten z' und z'' gegeben (entsprechend OZ' und OZ''), so haben wir die Begrenzung des Parallelogramms $ekmo$. Der Punkteninhalt desselben stellt die Gesammtheit derjenigen dar, die in jener Geburtsstrecke geboren und in der Zeitstrecke z' bis z'' gestorben sind. So gelangen wir zu der zweiten Hauptgesammtheit von Verstorbenen, als deren allgemeines Symbol sich $[n', n'', z', z'']$ ergibt.

Es ist leicht ersichtlich, dass diese Verstorbenen im Alter von $z' - n''$ bis $z'' - n'$ standen, dass also die grösste Altersdifferenz unter ihnen gleich $(z'' - z') + (n'' - n')$ sein kann.

Die Betrachtung der Figur lehrt ferner, dass

$$P.J.(ekmo) = P.J(cm\,\Pi'\,\Pi'') - P.J.(ko\,\Pi'\,\Pi'')$$

oder allgemein

$$[n', n'', z', z''] = [n', n'', \omega, z'] - [n', n'', \omega, z''] \; \ldots\ldots\ldots \; (2).$$

Diese Gesammtheit von Verstorbenen lässt sich also darstellen durch die Differenz zweier Hauptgesammtheiten gleichzeitig Lebender aus derselben Geburtsstrecke.

Sind endlich zwei Altersgrenzen a' und a'' (OQ und OQ') und zwei Beobachtungszeiten z' und z'' (OZ und OZ') gegeben, so werden wir zu zu dem Parallelogramm $peig$ geführt, dessen Punkteninhalt die Gesammtheit derjenigen angibt, die während der Zeit z' bis z'' im Alter von a' bis a'' gestorben sind. Dieselben stammen aus der Geburtsstrecke $z' - a''$ bis $z'' - a'$, so dass die grösste Differenz zwischen ihren Geburtszeiten $(z'' - z') + (a'' - a')$ betragen kann.

Das Symbol dieser dritten Hauptgesammtheit von Verstorbenen ist $[a', a'', z', z'']$.

Die Beziehungen derselben zu den Hauptgesammtheiten von Lebenden sind ebenfalls ohne Schwierigkeit aus der Figur zu erkennen. Es ist nämlich

$$P.J.(peig) = P.J.(gp\,\Phi'\,\Pi) + P.J.(pe\,\Pi'''\,\Phi') - P.J.(ei\,\Pi''\,\Pi''') \\ - P.J.(gi\,\Pi\,\Pi'')$$

oder allgemein:

$$[a'', a'', z', z''] = [z' - a'', z' - a', \omega, z'] + [z' - a', z'' - a', a', \omega] \\ - [z'' - a'', z'' - a', \omega, z''] - [z' - a'', z'' - a'', a'', \omega] \; \ldots\ldots \; (3).$$

D. h., die Gesammtheit derjenigen, die in der Zeitstrecke z' bis z'' im Alter von a' bis a'' gestorben sind, ist gleich:

Der Gesammtheit derjenigen, die aus der Geburtsstrecke $z' - a''$ bis $z' - a'$ stammend zur Zeit z' noch leben plus der Gesammtheit derjenigen, die aus der Geburtsstrecke $z' - a'$ bis $z'' - a'$ stammend, das Alter a'

lebend erreichen, minus der Gesammtheit derjenigen, die von $z'' - a''$ bis $z'' - a'$ geboren zur Zeit z'' noch leben, minus der Gesammtheit derjenigen, die aus der Geburtsstrecke $z' - a''$ bis $z'' - a''$ stammend, das Alter a'' lebend erreichen.

Es lässt sich also die dritte Hauptgesammtheit der Verstorbenen auf die Summe zweier Differenzen von je zwei Gesammtheiten gleichzeitig und gleichalterig Lebender zurückführen.

11. Die bisher betrachteten Hauptgesammtheiten von Verstorbenen sind nur durch je zwei Arten von Grenzlinien bestimmt und erscheinen daher als Punkteninhalte von Rechtecken oder Parallelogrammen. Es lassen sich aber natürlich auch Stücke der Punktebene unter Zuziehung aller drei Arten von Grenzlinien ausscheiden.

So erhält man durch Combination von zwei Geburtsgrenzen, einer Altersgrenze und einer Zeitgrenze, Trapeze wie $hmst$ oder $hrpt$;

durch Combination von zwei Altersgrenzen, einer Geburtsgrenze und einer Zeitgrenze, entstehen Trapeze wie $chgp$ oder $ceih$;

durch Combination von zwei Zeitgrenzen, einer Geburtsgrenze und einer Altersgrenze endlich erhält man Trapeze wie $ikom$ oder $cfiq$.

Die Punkteninhalte dieser Trapeze stellen Gesammtheiten von Verstorbenen dar, die sich leicht in Worten definiren lassen und die von Knapp in seiner ersten Schrift Nebengesammtheiten genannt worden sind.

Die symbolische Darstellung derselben durch Zusammenstellung der Grenzbezeichnungen ist leicht, und ebenso leicht ist aus der Figur zu erkennen, wie die Hauptgesammtheiten der Verstorbenen in solche Nebengesammtheiten zerlegt werden können, und wie sich die letzteren durch Hauptgesammtheiten von Lebenden ausdrücken lassen.

So ist beispielsweise $P.J.(chgp)$ zu bezeichnen durch $[n'', a', a'', z']$ und man hat die Beziehung:

$$[n'', a', a'', z'] = [z' - a'', z' - a', \omega, z'] + [z' - a', n'', a', \omega] - [z' - a'', n'', a'', \omega].$$

Es scheint nicht nöthig auf diese von Trapezen begrenzten Nebengesammtheiten näher einzugehen.

12. Weit wichtiger aber sind diejenigen Gesammtheiten, die durch drei Grenzlinien, je eine von den drei möglichen Arten, bestimmt werden. Die Umgrenzungen derselben sind rechtwinkelige gleichschenkelige Dreiecke, deren Spitzen entweder unterhalb oder oberhalb der die Hypotenuse bildenden Zeitgrenzlinien liegen, wie beispielsweise an den Dreiecken dei und eik ersichtlich ist.

Die Dreiecke erster Art umfassen eine gewisse Gesammtheit von solchen, die vor der Zeit z gestorben sind, die der zweiten Art dagegen begrenzen eine Gesammtheit, die nach der Zeit z gestorben sind.

Das allgemeine Symbol dieser von Dreiecken begrenzten Gesammtheiten ist einfach $[n, a, z]$. Ist $n + a < z$, so liegt die Spitze des Dreiecks unterhalb der Zeitgrenzlinie und man hat eine Gesammtheit der ersten Art; wenn dagegen $n + a > z$, so gehört die Gesammtheit der zweiten Art an.

Wir wollen die beiden Arten durch die Bezeichnungen $[n', a', z]$ und $[n'', a'', z]$ unterscheiden.

Das Symbol $[n', a', z]$ bezeichnet also die Gesammtheit derjenigen, die nach der Zeit n' geboren und nach Ueberschreitung des Alters a' vor der Zeit z gestorben sind.

Die späteste Geburtszeit, der diese Verstorbenen entstammen können, ist $z - a'$, die Länge der Geburtsstrecke beträgt also $z - a' - n'$.

Das höchste Alter, das in dieser Gesammtheit erreicht werden könnte, ist $z - n'$; die grösste mögliche Altersdifferenz ist mithin $z - n' - a'$, also gleich der Geburtsstrecke, wie sich auch unmittelbar aus der Figur ergibt.

Der früheste Zeitpunkt, in dem ein Mitglied der Gesammtheit gestorben sein kann, ist $n' + a'$, der späteste z; die Länge der Sterbezeit ergibt sich folglich zu $z - n' - a'$, also gleich der Geburtsstrecke und der grössten Altersdifferenz, was auch die Figur bestätigt, wenn man sich erinnert, dass die Messung der Abstände der Beobachtungszeiten auf der Axe ON geschehen muss.

Das Symbol $[n'', a'', z]$ bezeichnet die Gesammtheit derjenigen, die vor der Zeit n'' geboren und nach der Zeit z vor Erreichung des Alters a'' gestorben sind.

Man findet in ähnlicher Weise, wie oben, dass die Geburtsstrecke, die grösste Altersdifferenz und die Sterbestrecke den gleichen Werth $n'' + a'' - z$ haben.

Die Dreiecksgesammtheiten der ersten wie der zweiten Art besitzen also die wichtige Eigenschaft, dass die äussersten Unterschiede zwischen Geburtszeit, Sterbealter und Sterbezeit, die innerhalb einer jeden möglich sind, die gleiche Grösse haben, dass also jede dieser drei Maximaldifferenzen gleich der Einheit des Zeitmasses ist, wenn man eine derselben, z. B. der Geburtsstrecke, dieser Masseinheit gleich setzt.

Den Hauptgesammtheiten der Verstorbenen kommt diese Eigenthümlichkeit nicht zu.

Setzt man in der ersten Hauptgesammtheit $n'' - n' = a'' - a'$ so erhält man als Begrenzung ein Quadrat, wie z. B. *d e i k*. Die äusserste Differenz in den Sterbezeiten beträgt aber in demselben $n'' - n' + a'' - a'$, ist also nicht den beiden anderen Differzenzen gleich, sondern doppett so gross.

Die isochronische Linie $Z' \Pi$ aber zerlegt den Punkteninhalt dieses Quadrats in zwei Dreiecksgesammtheiten, eine der ersten und eine der zweiten Art, die also gleiche Grenzdifferenzen aufweisen.

Wird in der zweiten Hauptgesammtheit $n'' - n' = z'' - z'$ gesetzt, so ist wiederum, wie z. B. die Betrachtung des Parallelogramms *e i k q* zeigt, die dritte Maximaldifferenz $a'' - a'$ doppelt so gross, als jede der beiden andern; aber auch diese Gesammtheit lässt sich in zwei Dreiecksgesammtheiten zerlegen, und zwar durch die Altersgrenzlinie $Q' A'$.

Die dritte Hauptgesammtheit ergibt, wenn $a'' - a' = z'' - z'$, eine Geburtsstrecke, die doppelt so gross ist als jede der beiden anderen Grenzstrecken. Als Beispiel zeigt die Figur das Parallelogramm *e f i k*, und man sieht zugleich, dass dessen Punkteninhalt durch die Geburtsgrenzlinie $P''' \Pi'''$ ebenfalls in eine Dreiecksgesammtheit der ersten und der zweiten Art zerlegt wird.

Aus der Figur ist ferner leicht zu erkennen, dass a l l e Gesammtheiten von Lebenden und Verstorbenen, sofern nur die sie bestimmenden Geburts-, Alters- und Zeitstrecken sämmtlich durch ganze Einheiten irgend eines beliebigen Zeitmasses ausdrückbar sind, sich vollständig zusammensetzen lassen aus Dreiecksgesammtheiten der ersten und zweiten Art, deren drei Grenzdifferenzen der zu Grunde gelegten Zeitmasseinheit gleich sind.

Aus diesem Grunde, sowie mit Rücksicht auf die Gleichheit der als Grenzen dienenden Geburts-, Zeit- und Altersstrecken kann man die Dreiecksgesammtheiten als die eigentlichen Elementargruppen der Punktenmasse ansehen, und wir werden sie daher auch im Folgenden je nach der Lage der Dreiecksspitze zur Hypotenuse als „obere oder untere Elementargesammtheiten" bezeichnen.[1])

---

[1]) In der Figur ist es vielleicht etwas störend für diese Auffassung, dass die Elementardreiecke gleichschenkelig und nicht gleichseitig sind. Es rührt dies davon her, dass wir das Alter s e n k r e c h t zur Geburtenaxe rechnen. Man könnte aber statt des rechtwinkeligen auch ein schiefwinkeliges Coordinatensystem zu Grunde legen, und zwar in der Art, dass die Altersaxe mit der Geburtenaxe einen Winkel von 60° bildete (Fig. 2). Die Geburtsgrenzlinien $n =$ const. und die Altersgrenzlinien $a =$ const. schneiden sich dann unter eben diesem Winkel; aber

13. Die obige graphische Darstellung der Bildung und Zerlegung von Gesammtheiten Lebender und Verstorbener eröffnet einen vollständigen und klaren Einblick in alle Beziehungen, die zwischen diesen Gesammtheiten und ihren Theilen aufgestellt werden können. Die möglichen Abgrenzungen sind so einfach bestimmt und deren Combinationen so leicht zu übersehen, dass eine analytische Entwicklung des Zusammenhangs der Gesammtheiten keinerlei neue Einsicht gewähren kann. Gleichwohl wollen wir dem Beispiele Knapp's folgen und auch eine algebraisch-symbolische Ableitung der Hauptsätze beifügen, und zwar eine solche, die vollkommen streng und doch durchaus elementar gehalten ist.

Als Mass der Zeit, die von irgend einem festen Anfangspunkt an gerechnet wird, nehmen wir eine sehr kleine, im übrigen willkürliche Grösse τ.

In der $n$ten Zeitstrecke τ wird eine gewisse Anzahl von Menschen lebend geboren, die nach höchsten ω weiteren Zeitstrecken gestorben sein werden. Dass bei sehr kleinem τ diese Zahl im allgemeinen nur 0 oder 1 sein wird, macht für unsere Betrachtung keinen Unterschied.

Wir bezeichnen nun mit $\lambda\,[n, a]$ diejenige Zahl von Individuen, die in der $n$ten Zeitstrecke, also zwischen den Zeitpunkten $(n - 1)\,\tau$ und $n\,\tau$ geboren, lebend die $a$te Altersstrecke zurücklegen, also das Alter $a\,\tau$ erreichen.

Als Ausdruck für die erste Hauptgesammtheit der Lebenden erhält man jetzt sofort $\lambda \underset{n'}{\overset{n''}{[n, a']}}$, wenn durch die Indices die Summirung der Klammergrössen angedeutet wird, die bei constantem a' den Geburtsstrecken τ von der n'ten bis zur n''ten einschliesslich entsprechen.

Es ist dies also ein neues Symbol für die Gesammtheit derjenigen, die zwischen den Zeitpunkten $(n' - 1)\,\tau$ und $n''\tau$ geboren, das Alter $a\,\tau$ lebend erreichen.

Nun gilt allgemein für jeden Endpunkt einer Geburtsstrecke τ die Gleichung $n\,\tau + a\,\tau = z\,\tau$, wenn $z\,\tau$ den Zeitpunkt bedeutet, in welchem das Alter $a\,\tau$ beobachtet wird. Folglich ist auch $n + a = z$.

Man kann also in der Klammergrösse das „Geburtsargument“ (welches immer voranstehen soll, während nach dem Komma das „Altersargument“ folgt) auch durch die Differenz $z - a'$ ersetzen und die Aenderungen

---

auch die Zeitgrenzlinien $n + a = z$ sind nunmehr unter 60° gegen beide Axen geneigt. Die in der anderen Zeichnung von Rechtecken oder Parallelogrammen umschlossenen Gesammtheiten sind jetzt durch Rhomben abgegrenzt, und die oberen und unteren Elementargesammtheiten, wie $P.J.(a\,b\,d)$ und $P.J.(b\,c\,d)$ erscheinen in symmetrischer Umgrenzung durch gleichseitige Dreiecke.

desselben dadurch eintreten lassen, dass z bei constantem a' eine Reihe aufeinander folgender ganzer Zahlwerthe durchläuft. Man erhält somit als zweiten, von dem ersten nur formal verschiedenen Ausdruck für die erste Hauptgesammtheit von Lebenden: $\lambda \overset{z''}{\underset{z'}{[}} z - a', a']$.

Derselbe lässt sich auch unmittelbar interpretiren als die Gesammtheit derjenigen, die von der z'ten bis zur z''ten Zeitstrecke einschliesslich d. h. zwischen den Zeitpunkten $(z' - 1)\tau$ und $z''\tau$ das Alter $a\tau$ lebend erreichen.

14. Man kann aus dem allgemeinen Summand $[n, a]$ auch das Alter eliminiren, indem man für a einsetzt $z - n$.

Nimmt man dann in dem Ausdruck $\lambda[n, z' - n]$ z' constant an und lässt das Geburtsargument n eine Reihe auf einander folgender Werthe durchlaufen, so erhält man eine Reihe von Summanden mit verschiedenen Altersargumenten, nämlich solchen, die in demselben Masse abnehmen, wie n zunimmt.

Beginnt man mit der n'ten Geburtsstrecke τ, so können die in derselben Geborenen das Alter $(z' - n')\tau$ erreichen zwischen den Zeitpunkten $(z' - 1)\tau$ und $z'\tau$; in dem folgenden Element $\lambda[n' + 1, z' - n' - 1]$ wird das zugehörige Alter $(z' - n' - 1)\tau$ ebenfalls erreicht zwischen den Zeitpunkten $(z' - 1)\tau$ und $z'\tau$ und allgemein gilt für den Summand $\lambda[n' + x, z' - n' - x]$ dasselbe.

Die Summe $\lambda \overset{n''}{\underset{n'}{[}} n, z' - n]$ bedeutet also die Gesammtheit derjenigen, welche, in der Strecke $(n' - 1)\tau$ bis $n''\tau$ geboren, in der Zeit $(z' - 1)\tau$ bis $z'\tau$ das den n entsprechende Alter $(z' - n)\tau$ lebend erreichen.

Je kleiner man aber τ annimmt (wobei sich n und z entsprechend vergrössern), um so mehr nähert sich jener Ausdruck der Gesammtheit derjenigen, die, zwischen den Zeitpunkten $n'\tau$ und $n''\tau$ oder T' und T'' geboren, im Zeitpunkte $z'\tau$ oder Z' noch leben. Und zwar stehen dieselben im Alter von $(z - n'')\tau$ bis $(z - n')\tau$. Es ist dies also die zweite Hauptgesammtheit von Lebenden.

Man kann auch in dem allgemeinen Summand $\lambda[n, a]$ n durch $(z - a)$ ersetzen, für z einen festen Werth z' annehmen und dann für a eine Reihe auf einander folgender Zahlen einsetzen. Man erhält auf diese Weise die Summe $\lambda \overset{a''}{\underset{a'}{[}} z' - a, a]$.

Das niedrigste Geburtsargument in diesen Summanden ist $z' - a''$, entspricht also dem höchsten Altersargument. Das Element $\lambda[z' - a'', a'']$

bedeutet aber die Zahl derjenigen, die in der $(z'-a'')$ ten Strecke τ, also zwischen den Zeitpunkten $(z'-a''-1)\,\tau$ und $(z'-a'')\,\tau$ geboren, das Alter $a''\tau$ erreichen. Dieses Alter können sie erreichen zwischen den Zeitpunkten $(z'-1)\,\tau$ und $z'\tau$. Und dieselben Grenzen findet man auch allgemein für die Zeitstrecke, in der die Angehörigen des Elements $\lambda\,[z'-(a''-x), a''-x]$ das Alter $(a''-x)$ erreichen können.

Demnach bedeutet $\lambda\overset{a''}{\underset{a'}{[}}z'-a, a]$ die Gesammtheit derjenigen, welche zwischen den Zeitpunkten $(z'-1)\,\tau$ und $z'\tau$ die Altersstufe $a'\tau$ bis $a''\tau$ lebend erreichen. Je kleiner man aber τ voraussetzt, — und in dieser Beziehung ist uns keine Grenze gestellt — um so genauer fällt jene Gesammtheit zusammen mit der Gesammtheit derjenigen, die im Zeitpunkt $z'\tau$ lebend im Alter von $a'\tau$ bis $a''\tau$ stehen, oder, was dasselbe besagt, die in der Strecke $(z'-a'')\,\tau$ bis $(z'-a')\,\tau$ geboren, zur Zeit $z'\tau$ noch leben. Wir haben also hier wieder die zweite Hauptgesammtheit von Lebenden in einer anderen Form.

15. Als Element der Gesammtheiten von Verstorbenen nehmen wir das Symbol $\mu\,[n, a]$, welches bedeutet: die Zahl derjenigen, die in der $n$ten Geburtsstrecke τ, also in der Zeit $(n-1)\,\tau$ bis $n\tau$ geboren, zwischen dem Alter $a\tau$ und $(a+1)\,\tau$, also in der $(a+1)$ten Altersstrecke, gestorben sind. Bei sehr kleinen τ werden die Werthe dieser Zahl im allgemeinen nur 0 oder 1 sein.

Zunächst haben wir nun die für jedes beliebige τ geltende Beziehung

$$\mu\,[n, a] = \lambda\,[n, a] - \lambda\,[n, a+1] \quad \ldots\ldots\ldots\ldots (4),$$

denn $\lambda\,[n, a]$ bedeutet diejenigen, welche aus der $n$ten Geburtsstrecke stammend das Alter $a\tau$ erreichen, und $\lambda\,[n, a+1]$ ist die Zahl derjenigen, welche, derselben Geburtsstrecke angehörend, das Alter $(a+1)\,\tau$ erreichen; die Differenz dieser beiden Zahlen muss also die Zahl derjenigen sein, die aus der $n$ten Geburtsstrecke stammend, zwischen den Altersgrenzen $a\tau$ und $(a+1)\,\tau$ gestorben sind.

Die erste Hauptgesammtheit von Verstorbenen erhält man sofort dadurch, dass man in den allgemeinen Ausdruck $\mu\,[n, a]$ zuerst eine Reihe aufeinanderfolgender Werthe des einen Arguments, z. B. von n, einsetzt, in jedem dieser Elemente alsdann das andere Argument, also a, die Reihenfolge der Werthe von a' bis a'' durchlaufen lässt und die so nach beiden Argumenten bestimmten Elemente zusammenfasst. Man erhält also eine Doppelsumme, die durch

$$\sum_{n'}^{n''}\sum_{a'}^{a''}\mu\,[n, a] \text{ oder auch einfacher durch } \mu\overset{n''}{\underset{n'}{[}}n, \overset{a''}{\underset{a'}{a]}}$$

bezeichnet werden kann. Dieselbe repräsentirt also die Gesammtheit derjenigen, die in der Zeit $(n'-1)\tau$ bis $n''\tau$ geboren, im Alter von $a'\tau$ bis $(a''+1)\tau$ gestorben sind.

Aus (4) folgt zunächst:

$$\mu\left[n, a\right]_{a'\ a'}^{n''\ a''} = \sum_{n'}^{n''}\sum_{a'}^{a''}(\lambda[n,a] - \lambda[n,a+1]).$$

Führt man rechts die Summirung nach a aus, so erhält man:

$$\sum_{n'}^{n''}(\lambda[n,a'] - \lambda[n,a'+1] + \lambda[n,a'+1] - \lambda[n,a'+2] + \ldots$$
$$\ldots \lambda[n,a''] - \lambda[n,a''+1]).$$

Es bleibt also unter dem Summenzeichen nur das erste und das letzte Glied übrig, und wenn man sich nun die Summirung nach n ausgeführt denkt, so ergibt sich für jedes beliebige τ die Beziehung:

$$\mu\left[n, a\right]_{n'\ a'}^{n''\ a''} = \lambda\left[n, a'\right]_{n}^{n''} - \lambda\left[n, a''+1\right]_{n'}^{n''} \ldots\ldots\ldots\ldots (5),$$

welche der Sache nach mit der Gleichung (1) identisch ist.

15. Setzt man in $\mu[n,a]$ für a die Differenz $z-n$, so lässt sich eine Summe von Elementen $\mu[n,z-n]$ in der Weise bestimmen, dass man zuerst z bei constantem n eine Reihe auf einanderfolgender Werthe z' bis z'' durchlaufen lässt — wodurch eine Reihe von zunehmenden Altersargumenten gegeben wird — und alsdann in jedem dieser Elemente für n die einzelnen Glieder der Zahlenreihe n' bis n'' einsetzt. So entsteht die Doppelsumme:

$$\sum_{n'}^{n''}\sum_{z'}^{z''}\mu[n,z-n] = \sum_{n'}^{n''}\sum_{z'}^{z''}(\lambda[n,z-n] - \lambda[n,z-n+1]) =$$
$$\sum_{n'}^{n''}(\lambda[n,z'-n] - \lambda[n,z'-n+1] + \lambda[n,(z'+1)-n]$$
$$- \lambda[n,(z'+1)-n+1] + \lambda[n,(z'+2)-n]$$
$$- \lambda[n,(z'+2)-n+1] + \ldots \lambda[n,z''-n] - \lambda[n,z''-n+1]) =$$
$$\sum_{n'}^{n''}(\lambda[n,z'-n] - \lambda[n,z''-n+1]).$$

Folglich ist:

$$\mu\left[n, z-n\right]_{n'\ z'}^{n''\ z''} = \lambda\left[n, z'-n\right]_{n'}^{n''} - \lambda\left[n, z''-n+1\right]_{n'}^{n''} \ldots\ldots (6).$$

Diese Beziehung gilt für jedes τ, auch für ein unendlich kleines, welches natürlich unendlich grosse n und z bedingt.

Unter dieser letzteren Annahme aber wird die Doppelsumme links zu der Gesammtheit derjenigen, die in der Zeit $n'\tau$ bis $n''\tau$ geboren zwischen den Zeitpunkten $z'\tau$ und $z''\tau$ gestorben sind — also zur zweiten

Hauptgesammtheit der Verstorbenen; die beiden Summen von Lebenden auf der rechten Seite aber werden bei unendlich kleinem τ gleich den Gesammtheiten der Lebenden aus der Geburtsstrecke $n'\tau$ bis $n''\tau$ zu den Zeiten $z'\tau$ und $z''\tau$.[1])

Die Gleichung (6) ist also dann gleichbedeutend mit (2).

16. Bringt man ferner das Element $\mu[n, a]$ durch Eliminirung von n auf die Form $\mu[z - a, a]$, so lässt sich eine neue Gruppe von Elementen bestimmen, indem man zuerst a bei constantem z die Reihe der Werthe von a' bis a'' durchlaufen lässt und in jedes dieser Elemente alle z von z' bis z'' der Reihe nach einsetzt. Man erhält alsdann die Doppelsumme:

$$\sum_{a'}^{a''}\sum_{z'}^{z''}\mu[z-a,a] = \sum_{a'}^{a''}\sum_{z'}^{z''}(\lambda[z-a,a] - \lambda[z-a,a+1])$$

Führt man die Doppelsumme rechts aus und schreibt die zu jedem Werthe von z gehörenden positiven und negativen Summanden in Horizontalreihen untereinander, so hat man allgemein für die $(x+1)$te und $(x+2)$te Horizontalreihe:

$$\begin{aligned}
&\lambda[z'+x-a',a'] - \lambda[z'+x-a',a'+1]\\
&\quad + \lambda[z'+x-(a'+1),a'+1] - \lambda[z'+x-(a'+1),a'+2]\\
&\quad + \lambda[z'+x-(a'+2),a'+2] - \lambda[z'+x-(a'+2),a'+3]\\
&\quad + \ldots \lambda[z'+x-a'',a''] - \lambda[z'+x-a'',a''+1].
\end{aligned}$$

$$\begin{aligned}
&\lambda[z'+x+1-a',a'] - \lambda[z'+x+1-a',a'+1]\\
&\quad + \lambda[z'+x+1-(a'+1),a'+1]\\
&\quad - \lambda[z'+x+1-(a'+1),a'+2]\\
&\quad + \lambda[z'+x+1-(a'+2),a'+2]\\
&\quad - \lambda[z'+x+1-(a'+2),a'+3] + \ldots\\
&\quad \ldots \lambda[z'+x+1-a'',a''] - \lambda[z'+x+1-a'',a''+1].
\end{aligned}$$

Hieraus ist leicht zu übersehen, dass die 2ten, 4ten, 6ten u. s. w. (negativen) Summanden jeder Horizontalreihe mit den 3ten, 5ten, 7ten u. s. w. (positiven) Summanden der folgenden Reihe gleiche Geburts- und

---

[1]) Die Vernachlässigung selbst eines **sehr** kleinen Elements τ der endlichen Geburts-, Zeit- oder Altersstrecken kann allerdings, wegen der discontinuirlichen Vertheilung der Fälle, die Gesammtheiten um eine oder selbst mehrere Einheiten verändern. Doch wird dieser Fehler im Vergleich mit den Gesammtheiten, die immer grosse Zahlen sein sollen, nur sehr klein sein. Auch kann man ihn dadurch beseitigen, dass man die Bestimmungsstücke einzelner Fälle in der unmittelbaren Nähe der Grenzen um eine sehr kleine Grösse verändert denkt, was die Gesammtverhältnisse der Sterblichkeit nicht beeinflussen wird.

Altersargumente haben, also identisch, aber mit entgegengesetztem Vorzeichen versehen sind.

Sie heben sich also paarweise auf und es bleiben nur übrig:

1) von der ersten Horizontalreihe (für $x = 0$) die Summe der positiven Glieder und der letzte negative Summand, also

$$\sum_{a'}^{a''} \lambda[z' - a, a] - \lambda[z' - a'', a'' + 1],$$

2) von der letzten Horizontalreihe (für $x + 1 = z'' - z'$) die Summe der negativen Glieder und das erste positive, also

$$\lambda[z'' - a', a'] - \sum_{a'}^{a''} \lambda[z'' - a, a + 1],$$

3) von den Verticalreihen nur die erste und die letzte, von denen jedoch die ersten und letzten Summanden bereits unter 1) und 2) mitgezählt sind.

Addirt man nun diese Rückstände und vereinigt die isolirten Glieder von 1) und 2) mit den Verticalreihen, so erhält man:

$$\mu \underset{a'}{\overset{a''}{[}} z - a, a \underset{z'}{\overset{z''}{]}} = \lambda \underset{a'}{\overset{a''}{[}} z' - a, a] - \lambda \underset{a'}{\overset{a''}{[}} z'' - a, a + 1] + \lambda \underset{z'+1}{\overset{z''}{[}} z - a', a'] - \lambda \underset{z'}{\overset{z''-1}{[}} z - a'', a'' + 1] \quad \ldots\ldots\ldots\ldots\ldots (7).$$

Diese Beziehung gilt wieder für jedes beliebige τ.

Setzt man τ unendlich klein, so wird die Doppelsumme links zur Gesammtheit derjenigen, die in der Zeit $z'\tau$ bis $z''\tau$ im Alter von $a'\tau$ bis $a''\tau$ gestorben sind — also zu einer dritten Hauptgesammtheit der Verstorbenen; und auf der rechten Seite findet sich einestheils die Differenz der zu den Zeiten $z'\tau$ und $z''\tau$ im Alter von $a'\tau$ bis $a''\tau$ gleichzeitig Lebenden und anderntheils die Differenz derjenigen, die zwischen den Zeitpunkten $z'\tau$ und $z''\tau$ das Alter $a'\tau$ resp. $a''\tau$ lebend erreichen.

So ergibt also die Gleichung (7) beim Uebergange zu einem unendlich kleinen τ die Beziehung zwischen der dritten Hauptgesammtheit von Verstorbenen und den beiden Hauptgesammtheiten von Lebenden, die bereits unter (3) aufgestellt ist.

17. Die Nebengesammtheiten von Verstorbenen gehen unter der Annahme eines unendlich kleinen τ aus Doppelsummen von folgender Gestalt hervor:

1) $$\sum_{n'}^{n'} \sum_{a'}^{a=z'-n} \mu[n, a] \quad \text{oder} \quad \sum_{n'}^{n''} \sum_{a=z'-n}^{a''} \mu[n, a]$$

2) $$\sum_{z'}^{z''} \sum_{z-a'}^{n''} \mu[n, z - n] \quad \text{oder} \quad \sum_{z'}^{z''} \sum_{n'}^{z-a'} \mu[n, z - n]$$

$$3)\qquad \sum_{a'}^{a''}\sum_{n'}^{z''-a}\mu[n,a] \quad \text{oder} \quad \sum_{a'}^{a''}\sum_{z'-a}^{n'}\mu[n,a].$$

Durch Substitutionen mittels der Gleichung $n+a=z$ könnte man diese drei Paare von Doppelsummen noch umformen.

Das Charakteristische dieser Nebengesammtheiten liegt darin, dass die Summirungen nicht zwischen je zwei festen Grenzen der beiden Veränderlichen stattfinden, sondern dass bei der einen Summirung eine Grenze von dem jedesmaligen Werthe der anderen Veränderlichen abhängig ist.

Die Beziehungen dieser Nebengesammtheiten zu den Hauptgesammtheiten der Lebenden ergeben sich ohne Schwierigkeit, wenn man, wie oben, statt des Elements der Verstorbenen die Differenz zweier Elemente von Lebenden einsetzt, die Doppelsummen mit Rücksicht auf die Beweglichkeit der einen Grenze ausführt und die auftretenden identischen Elemente mit entgegengesetzten Vorzeichen gegen einander aufhebt.

Es ist ferner leicht zu übersehen, dass das erste Paar, wenn in demselben gleiche n', n'' und z' vorkommen, zusammen die erste Hauptgesammtheit $\sum_{n}^{n''}\sum_{a'}^{a''}\mu[n,a]$ ausmacht; denn für jedes n fängt die Summirung nach a in der zweiten Doppelsumme da an, wo sie in der ersten aufhört, so dass in beiden Theilen zusammen die Summirung sich von a' bis a'' erstreckt.

In ähnlicher Weise entsteht durch Vereinigung der beiden Paare unter 2) eine zweite und durch Vereinigung der Paare unter 3) eine dritte Hauptgesammtheit von Verstorbenen, vorausgesetzt dass das erstere Paar gleiche z', z'' und a' und das andere gleiche a', a'' und n' hat.

Als Grenzfälle dieser Nebengesammtheiten treten die Elementargesammtheiten auf. Das Merkmal derselben ist, dass die grössten Abstände der Geburtszeiten, des Alters und der Beobachtungszeiten, die innerhalb einer solchen Gesammtheit möglich sind, einander gleich sind.

In der ersten Doppelsumme unter 1) ist das höchstmögliche Alter, entsprechend dem kleinsten n in der Grenze $z'-n$, gleich $(z'-n')\tau$, die grösstmögliche Altersdifferenz folglich $(z'-n'-a')\tau$.

Der früheste Beobachtungszeitpunkt entspricht dem frühesten Geburtszeitpunkt und dem niedrigsten Alter, ist also gleich $(n'-1)\tau+a'\tau$; der späteste Beobachtungszeitpunkt ist für alle n derselbe, nämlich $n\tau+(z'-n)\tau$ oder $z'\tau$; die grösste Differenz der Beobachtungszeiten ist folglich $(z'-[n'-1]-a')\tau$. Bei unendlich kleinem τ wird diese Differenz gleich der grössten Altersdifferenz, da alsdann $n'\tau$ statt $(n'-1)\tau$ gesetzt werden kann. Unter derselben Voraussetzung aber lässt sich die grösstmögliche Differenz der Geburtszeiten durch $(n''-n')\tau$ ausdrücken, und demnach ergibt sich als Bedingung des Uebergangs der Nebengesammtheit $\sum_{n'}^{n''}\sum_{a'}^{z'-n}\mu[n,a]$ in eine Elementargesammtheit die Gleichung $z'-n'-a'=n''-n'$, oder $z'=n''+a'$.

Diese Elementargesammtheit kann also bezeichnet werden durch $\sum_{n'}^{n''}\sum_{a'}^{n''+a'-n}\mu[n,a]$.

Es ist eine untere Elementargesammtheit, weil $z'>n'+a'$.

Die zweite Doppelsumme unter 1) liefert unter der Bedingung

$$a''-(z'-n'')=n''-n'$$

eine obere Elementargesammtheit (weil $z'<n''+a''$), die sich darstellen lässt durch $\sum_{n'}^{n'}\sum_{n'+a''-n}^{a''}\mu[n,a]$.

In ähnlicher Weise entsteht aus dem zweiten und dritten Paare durch Gleichsetzung der drei Maximaldifferenzen je eine obere und eine untere Elementargesammtheit.

---

19. Einige Erörterungen über die summirten Alter der Gesammtheiten von Lebenden und Verstorbenen mögen hier angeschlossen werden.

Die gegenseitigen Beziehungen dieser Alterssummen lassen sich ohne Schwierigkeit nach der in den vorigen Paragraphen befolgten algebraischen Methode ableiten. So ist beispielsweise das summirte Alter einer ersten Hauptgesammtheit von Verstorbenen auszudrücken durch $\sum_{n'}^{n''}\sum_{a'}^{a''}a\,\tau\,.\,\mu[n,a]$, indem wir τ als unendlich klein annehmen.

Nun ist für jedes n:

$$\sum_{a'}^{a''}a\,\tau\,.\,\mu[n,a]=a'\tau\,.\,\lambda[n,a']-a'\tau\,.\,\lambda[n,a'+1]+(a'+1)\tau\,.\,\lambda[n,a'+1]$$
$$-(a'+1)\tau\,.\,\lambda[a'+2]+\ldots a''\tau\,.\,\lambda[n,a'']-a''\tau\,.\,\lambda[n,a''+1]=$$
$$a'\tau\,.\,\lambda[n,a']-a''\tau\,.\,\lambda[n,a''+1]+\tau\sum_{a'+1}^{a''}\lambda[n,a]\quad\ldots\ldots(7\text{a}).$$

Folglich ist mit Rücksicht auf die Kleinheit von τ:

$$\tau\,.\sum_{n'}^{n''}\sum_{a'}^{a''}a\,.\,\mu[n,a]=a'\tau\sum_{n'}^{n''}\lambda[n,a']-a''\tau\sum_{n'}^{n''}\lambda[n,a'']+\tau\sum_{n'}^{n''}\sum_{a'}^{a''}\lambda[n,a]\ (8).$$

Diese Gleichung ergibt zwischen den Alterssummen der ersten Hauptgesammtheiten von Verstorbenen und von Lebenden einem ähnlichen Zusammenhang, wie der, den die Gleichung (5) oder (1) zwischen jenen

Gesammtheiten selbst aufstellt, jedoch mit dem Unterschiede, dass noch eine neue Doppelsumme auftritt, welche bedeutet: die gesammte Zeit, welche von den Geborenen der Strecke $(n''-n')\tau$ in der Altersstrecke $a'\tau$ bis $a''\tau$ verlebt worden, gleichviel, ob sie diese Altersstrecke ganz oder nur theilweise durchlebt haben.

In ähnlicher Weise lässt sich die Alterssumme der zweiten Hauptgesammtheit von Verstorbenen $\tau\sum_{z'}^{n''}\sum_{a'}^{z''}(z-n)\,.\,\mu[n, z-n]$ und die der dritten $\tau\sum_{z'}^{z'}\sum_{a'}^{a''}a\,.\,\mu[z-a, a]$ auf Alterssummen von Gesammtheiten von Lebenden und Summen von innerhalb gewisser Grenzen verlebter Zeit zurückführen.

20. Allgemeiner indess kann man diese Beziehungen auf folgende Art ableiten.

Man denke sich in der Punktenebene (Fig. 1) ein beliebiges Stück durch eine gebrochene oder krumme Linie umschlossen. Sind n' und n'' die kleinste und die grösste Abscisse dieser Umgrenzung, so liegt also zwischen den Geburtsgrenzlinien $n=n'$ und $n=n''$ eine untere und eine obere Grenzlinie der betrachteten Flächenstücke. Eine gewisse Anzahl von Lebenden aus der Geburtsstrecke n' bis n'' überschreitet die untere Grenze in Altern, die für verschiedene n verschieden sein können und allgemein durch $f(n)$ bezeichnet werden mögen. Das summirte Alter dieser Lebenden sei $\Sigma f(n)$.

Eine gewisse Zahl derselben wird in verschiedenen Altern vor Erreichung der oberen Grenze sterben, während die übrigen diese Grenze in verschiedenen Altern lebend überschreiten. Bei Ueberschreitung der unteren Grenze sei das summirte Alter der ersteren $\Sigma\psi(n)$, das der letzteren $\Sigma\varphi(n)$; so hat man $\Sigma f(n)=\Sigma\psi(n)+\Sigma\varphi(n)$. Von den ersteren, also den zum Sterben bestimmten, lebt jeder nach Ueberschreitung der unteren Grenze noch eine längere oder kürzere Zeit, bis er seinen Sterbepunkt innerhalb der gegebenen Umgrenzung erreicht hat. Die Summe dieser von den Todescandidaten noch verlebten Zeit sei $\Sigma v(n)$, und die Summe der von den Ueberlebenden innerhalb der Umgrenzung zugebrachten Zeit sei $\Sigma u(n)$.

Nun hat man die Identität:

$$\Sigma\psi(n)+\Sigma v(n)+\Sigma\varphi(n)+\Sigma u(n)=\Sigma f(n)+\Sigma v(n)+\Sigma u(n)$$

Die beiden ersten Summen links bilden zusammen das summirte Alter der innerhalb der Umgrenzung Gestorbenen, das wir mit $\Sigma\sigma(n)$ bezeichnen wollen; die beiden folgenden Summanden geben vereint das summirte

Alter der Ueberlebenden bei Ueberschreitung der oberen Grenze, oder $\Sigma f'(n)$; und die beiden letzten Summen rechts stellen zusammen die Zeit dar, die von den Ueberlebenden und den Gestorbenen innerhalb der Umgrenzung verlebt worden ist. Bezeichnet man diese letztere Summe mit $\Sigma \zeta(n)$, so hat man als Alterssumme einer beliebig umgrenzten Gesammtheit von Verstorbenen:

$$\Sigma \sigma(n) = \Sigma f(n) - \Sigma f'(n) + \Sigma \zeta(n) \ldots \ldots \ldots (8a).$$

Bei der Anwendung dieser Formel auf besondere Fälle ist es am zweckmässigsten, die graphische Anschauung mit den Symbolen der algebraischen Darstellung zu verbinden. Die nahe Verwandtschaft der beiden im Vorhergehenden angewandten Bezeichnungsmethoden ist übrigens einleuchtend, da es genügt, τ als Maasseinheit für die Abscissen und Ordinaten unserer Figur anzunehmen, um in beiden Arten von Symbolen gleiche n, a und z zu erhalten.

Ist nun die Umgrenzung ein Rechteck, wie $bchg$, so hat man den möglichst einfachen Fall und kann ohne weiteres aus (8a) die Gleichung (8) ableiten. Ist die Umgrenzung ein Parallelogramm, wie $ekom$, so ist die untere Grenzlinie me, die obere ok und man findet für die einzelnen Glieder der Gleichung (8a) leicht die entsprechenden Ausdrücke nach unserer algebraischen Bezeichnungsweise, so dass man erhält:

$$\tau \sum_{n'}^{n''} \sum_{z'}^{z''} (z-n) \, . \, \mu[n, z-n] = \tau \sum_{n'}^{n''} (z'-n) \, . \, \lambda[n, z'-n]$$

$$- \tau \sum_{n'}^{n''} (z''-n) \, . \, \lambda[n, z''-n] + \tau \sum_{n'}^{n''} \sum_{z'}^{z''} \lambda[n, z-n] \ldots \ldots (9).$$

Nimmt man das Parallelogramm $eigp$ als Umgrenzung, so bilden die gebrochenen Linien gpc und gie die untere resp. obere Grenze. Nun hat man:

$$\Sigma f(n) = \tau \sum_{a'}^{a''} a \, . \, \lambda[z'-a, a] + a' \tau \sum_{z'}^{z''} \lambda[z-a', a']$$

$$\Sigma f'(n) = a'' \tau \sum_{z'}^{z''} \lambda[z-a'', a''] + \tau \sum_{a'}^{a''} a \, . \, \lambda[z''-a, a]$$

$$\Sigma \zeta(n) = \tau \sum_{z'}^{z''} \sum_{a'}^{a''} \lambda[z-a, a].$$

Also ergibt sich aus (8a):

$$\tau \sum_{z'}^{z''} \sum_{a'}^{a''} a \, . \, \mu[z-a, a] = \tau \sum_{a'}^{a''} a \, . \, \lambda[z'-a, a] - \tau \sum_{a'}^{a''} a \, . \, \lambda[z''-a, a]$$

$$+ a' \tau \sum_{z'}^{z''} \lambda[z-a', a'] - a'' \tau \sum_{z'}^{z''} \lambda[z-a'', a''] + \tau \sum_{z'}^{z''} \sum_{a'}^{a''} \tau[z-a, a] \; (10).$$

Es ist immer ein unendlich kleines τ vorausgesetzt.

21. Setzt man in Gleichung (8) $a'=0$ und $a''=\omega$ (wenn $\omega\tau$ die äusserste Altersgrenze bedeutet), so erhält man weil $\sum_{n'}^{n''}\lambda[n,\omega]=0$

$$\tau\sum_{n'}^{n''}\sum_{0}^{\omega}a.\mu[n,a]=\tau\sum_{n'}^{n''}\sum_{0}^{\omega}\lambda[n,a]\,\ldots\ldots\ldots\,(10a).$$

Eine selbstverständliche Identität, wenn τ unendlich klein ist. Bei einem endlichen τ jedoch stellt die Doppelsumme links nicht mehr genau das summirte Alter aller Verstorbenen einer Geburtsstrecke und die Doppelsumme rechts nicht mehr genau die von derselben Generation bis zum Aussterben verlebte Zeit dar. Um bei Anwendung eines endlichen τ eine Näherungsbestimmung der Alterssumme aller Verstorbenen aus der Geburtsstrecke $(n'-1)\tau$ bis $n''\tau$ zu erhalten, muss man die Zahl der Verstorbenen jeder Altersstufe, also $\sum_{n'}^{n''}\mu[n,a]$ nicht, wie oben, mit dem niedrigsten Alter $a\tau$, sondern mit dem mittleren Alter der Stufe, $\left(a+\frac{1}{2}\right)\tau$, multipliciren. Der Ausdruck des Näherungswerthes ist folglich:

$$\tau\sum_{n'}^{n''}\sum_{0}^{\omega}a.\mu[n,a]+\frac{1}{2}\tau\sum_{n'}^{n''}\sum_{0}^{\omega}\mu[n,a].$$

Die erste Doppelsumme wird nach (7a) gleich:

$$\tau\sum_{n'}^{n''}\sum_{1}^{\omega}\lambda[n,a].$$

Die Doppelsumme $\frac{1}{2}\tau\sum_{n'}^{n''}\sum_{0}^{\omega}\mu[n,a]$ aber ist gleich $\frac{1}{2}\tau\sum_{n'}^{n''}\lambda[n,0]$.

Man hat also bei endlichem τ als identische Näherungswerthe der Alterssumme der ausgestorbenen Generation aus der Geburtsstrecke

$$n''\tau-(n'-1)\tau:$$

$$\tau\sum_{n'}^{n''}\sum_{0}^{\omega}a.\mu[n,a]+\frac{\tau}{2}\sum_{n'}^{n''}\sum_{0}^{\omega}\mu[n,a]=\tau\sum_{n'}^{n''}\sum_{1}^{\omega}\lambda[n,a]+\frac{\tau}{2}\sum_{n'}^{n''}\lambda[n,0].$$

Dividirt man auf beiden Seiten durch die Gesammtzahl der lebend Geborenen (oder der bis zum Verschwinden der Generation Gestorbenen), die mit S bezeichnet werden mag, so erhält man als gleiche Näherungswerthe der mittleren Lebensdauer der betrachteten Generation

$$\frac{\tau}{S}\sum_{n'}^{n''}\sum_{0}^{\omega}a.\mu[n,a]+\frac{\tau}{2}\quad\text{oder}\quad\frac{\tau}{S}\sum_{n'}^{n''}\sum_{1}^{\omega}\lambda[n,a]+\frac{\tau}{2}$$

Man wird im allgemeinen τ immer so klein annehmen können, dass auch in der ersten Altersstufe (0 bis τ) das arithmetische Mittel aus der unteren und der oberen Altersgrenze, also $\frac{\tau}{2}$, ohne erheblichen Fehler als durchschnittliches Alter der Gestorbenen gelten darf, woraus sich die in dieser Stufe verlebte Zeit zu $\frac{\tau}{2}\left(\lambda\overset{n''}{\underset{n'}{[n,0]}} + \lambda\overset{n''}{\underset{n}{[n,1]}}\right)$ ergibt. Setzt man aber das Durchschnittsalter der Gestorbenen dieser Stufe gleich $\frac{\tau}{x}$, so ist die verlebte Zeit =

$$\tau\lambda\overset{n''}{\underset{n'}{[n,0]}} - \frac{(x-1)\tau}{x}\left(\lambda\overset{n''}{\underset{n'}{[n,0]}} - \lambda\overset{n''}{\underset{n}{[n,1]}}\right)$$

oder

$$\frac{\tau}{x}\lambda\overset{n''}{\underset{n'}{[n,0]}} + \frac{(x-1)\tau}{x}\lambda\overset{n''}{\underset{n'}{[n,1]}}.$$

Mit Hülfe dieser Werthe des Durchschnitts-Sterbealters und der verlebten Zeit in der ersten Stufe könnte man unter Berücksichtigung der Gleichung (7a) die Alterssumme einer ausgestorbenen Generation selbst bei ziemlich grossem τ noch näherungsweise bestimmen.

22. Nicht zu verwechseln mit dem summirten Alter einer ausgestorbenen Generation ist das summirte Alter der Verstorbenen einer gegebenen Zeitstrecke, die also aus verschiedenen Geburtsstrecken stammen. Setzt man in Gleichung (10) $a' = 0$, $a = \omega$, so erhält man als Ausdruck einer solchen Alterssumme, bei unendlich kleinem τ:

$$\tau\sum_{z'}^{z''}\sum_{0}^{\omega} a\,.\,\mu[z-a,a] = \tau\sum_{0}^{\omega} a\,.\,\lambda[z'-a,a] - \tau\sum_{0}^{\omega} a\,.\,[z''-a,a]$$
$$+\ \tau\sum_{z'}^{z''}\sum_{0}^{\omega}\lambda[z-a,a].$$

Es ist dies eine Relation zwischen der Alterssumme aller Verstorbenen einer Zeitstrecke, den Alterssummen aller Lebenden am Anfang und am Ende der Strecke und der innerhalb der Strecke verlebten Zeit.

Darf man die Alterssummen der Lebenden am Anfang und am Ende der Strecke als gleich betrachten, so vereinfacht sich die obige Gleichung zu folgender:

$$\tau\sum_{z'}^{z''}\sum_{0}^{\omega} a\,.\,\mu[z-a,a] = \tau\sum_{z'}^{z''}\sum_{0}^{\omega}\lambda[z-a,a] \;\ldots\ldots\; (10b).$$

Unter dieser besonderen Voraussetzung ist also die Alterssumme der Verstorbenen einer Zeitstrecke gleich der in derselben Strecke von den Ueberlebenden und Sterbenden verlebten Zeit.

Diese Gleichung ist analog, aber keineswegs identisch mit (10a).

III. Verwerthung des empirischen Stoffes.

23. Mit Hülfe der im vorigen Abschnitt erörterten Zerlegungsmethode ist nun das empirische Beobachtungsmaterial so zu ordnen und zu gliedern, wie es das Bedürfniss der wissenschaftlichen Bevölkerungsstatistik verlangt.

Die zu lösende Aufgabe ist nach unserer Auffassung folgende: die Veränderungen zu verfolgen, welche eine Masse von Individuen dadurch erleidet, dass die Einzelnen zu verschiedenen Zeiten eine bestimmte Zustandsänderung erfahren, d. h. im vorliegenden Falle: sterben.

Da wir zur Unterscheidung der Individuen nur die drei zeitlichen Bestimmungsstücke verwenden können, und da von einer Masse gleichzeitig Geborener nicht die Rede sein kann, so ist die Masse, von der wir ausgehen, entweder eine Gesammtheit gleichzeitig Lebender oder eine Gesammtheit gleichalterig Lebender.

Die Veränderungen solcher Gesammtheiten sind in der Weise zu verfolgen, dass man, falls es sich um eine Gesammtheit Gleichzeitiger handelt, in einer Reihe gleich weit abstehender Zeitpunkte beobachtet, wie viele von der ursprünglichen Anzahl noch leben und wie viele in den einzelnen Zeitstrecken gestorben sind; geht man aber von einer Gesammtheit Gleichalteriger aus, so ist festzustellen, wie viele von ihnen in eine Reihe gleich grosser Altersstufen eintreten und wie viele in den einzelnen Stufen sterben.

Als secundäre Fragen schliessen sich an: Wie viele von den Gleichzeitigen erreichen gewisse Altersstufen und wie viele nicht?

Wie viele von den Gleichalterigen erreichen gewisse Beobachtungszeitpunkte und wie viele nicht?

24. Zur Vereinheitlichung der Darstellung ist es nöthig, dass für die Zeitstrecke und die Altersstrecke, nach denen die Beobachtung fortschreitet, sowie für die Geburtsstrecke, nach der die Gesammtheiten in Generationen zerlegt werden, dasselbe Zeitmaass, z. B. ein Jahr,[1]) genommen werde.

So erhält man als Schema der Gruppirung des Materials das Netzwerk Fig. 3, in welchem, wie wir nochmals in Erinnerung bringen, der Abstand der isochronischen (schrägen) Linien auf der Abscissenaxe zu

[1]) Die Mortalitätsverhältnisse der ersten Kindheit sind jedoch, wo möglich, unter Benutzung einer kleineren Maassstrecke besonders zu behandeln.

messen ist. Bei der Annahme eines schiefwinkeligen Coordinatensystems mit einem Axenwinkel von 60° (Fig. 2) würden sich die Maschen in Bezug auf die drei Bestimmungsstücke ganz symmetrisch gestalten.

Die zu Grunde gelegte Zeitmasseinheit darf weder sehr gross noch sehr klein sein. Im ersteren Falle würde man eine zu unvollständige Anschauung von den Veränderungen der Masse erhalten; im anderen Falle aber würde der Punkteninhalt der Maschen nicht mehr als grosse Zahl behandelt werden können. Je mehr sich die Maschen zusammenziehen, um so mehr nähert man sich wieder den ursprünglichen Beobachtungen, die durch einzelne Sterbepunkte dargestellt werden.

Vereinigt man die letzteren zu einer Elementargesammtheit, die also von einer dreieckigen Masche des Netzes begrenzt wird, so bleibt die Lage jedes einzelnen Punktes innerhalb eines gewissen Spielraums unbestimmt. Dieser Spielraum ist aber sowohl für die Geburtszeit, wie für das Alter und für die Sterbezeit gleich der Maasseinheit der Zeit, und darin eben besteht der Vorzug der Elementargesammtheiten vor den Hauptgesammtheiten, in denen für eines der drei Bestimmungsstücke immer ein doppelt so grosser Spielraum bleibt, wie für die beiden anderen.

Die erste Verarbeitung der als Urmaterial gegebenen Einzelfälle muss also nach der Theorie darin bestehen, dass man diejenigen Fälle zusammenfasst, welche sowohl zu der gleichen Geburtsstrecke wie zu der gleichen Altersstrecke und der gleichen Beobachtungszeitstrecke gehören, jede Strecke gleich der Zeitmaasseinheit vorausgesetzt.

Mit anderen Worten: die in einer Zeitstrecke beobachteten Sterbefälle aus jeder Altersstufe sind auch nach den beiden möglichen Geburtsstrecken zu unterscheiden.

Bei diesem Verfahren würde man im Laufe der Zeit eine immer vollständigere Ausfüllung des in Fig. 3 aufgestellten Schemas erhalten.

25. Betrachten wir nun eine alle Altersclassen von 0 bis ω umfassenden Gesammtheit von Gleichzeitigen. Sie wird dargestellt (Fig. 3) durch den Punkteninhalt des Dreiecks $P' \Pi' \Phi'$ und empirisch bestimmt entweder durch eine Zählung zur Zeit z' ($= OP'$) oder durch Summirung von Elementargesammtheiten von Verstorbenen, wenn diese in der nöthigen Vollständigkeit gegeben sind. Von den durch Aus- und Einwanderung verursachten Störungen sehen wir vorläufig noch ab.

Die zweite Art der Bestimmung ist selbstverständlich nicht möglich, wenn es sich um eine Bevölkerung aus einer näheren Vergangenheit handelt, die noch nicht ausgestorben ist. In diesem Falle bedarf man nothwendiger Weise einer Zählung. Dieselbe braucht nicht gerade in die Zeit

z' zu fallen; bezieht sie sich z. B. auf die Zeit z'' oder OP'', so kann man sehr einfach die Gesammtheit $P.J.(P' \Pi' \Phi')$ bestimmen, indem man zu der gegebenen Bevölkerungszahl die Zahl der Gestorbenen aus der Zeitstreke $P' P''$, also $P.J.(P' P'' \Phi' \Phi'')$ addirt, und die Zahl der Geborenen aus derselben Strecke, also $P.J.(P' P'' \Pi' \Pi'')$ abzieht.

Soll eine Zählung sich ohne weiteres in unser Schema einfügen, so muss der Zeitpunkt derselben in den Endpunkt einer der nach der Zeitmaasseinheit μ abgetheilten Geburtsstrecke fallen. Unterscheidet man die gezählten Gleichzeitigen nach Altersstufen von der Grösse μ, so bilden unter jener Voraussetzung diese Abtheilungen zugleich Gesammtheiten von gleichzeitig Lebenden aus je einer gleichen Geburtsstrecke μ. Sie werden dargestellt durch die Punkteninhalte von Trapezen wie $a_1\, b_1\, \beta'''\, \Pi'$.

Um von den Zählungsergebnissen zu Gesammtheiten von Gleichzeitigen in einem anderen Zeitpunkte zu gelangen, bedarf man in manchen Fällen nicht der Kenntniss von Elementargesammtheiten.

Ist z. B. zur Zeit z'' die Gesammtheit Gleichzeitiger $P.J.(b_1\, c_1\, \beta'\, \beta''')$ bestimmt, so erhält man die Gleichzeitigen aus derselben Geburtsstrecke $B' B'''$ in der früheren Zeit z', nämlich $P.J.(b_2\, c_2\, \beta'\, \beta''')$, indem man zu der gegebenen Zahl eine zweite Hauptgesammtheit Verstorbener, nämlich $P.J.(b_1\, b_2\, c_1\, c_2)$ addirt.

Verlangt man die Zahl der Gleichzeitigen, die zur Zeit z' zwischen denselben Altersgrenzen a' bis a'' standen, wie die gegebene Gesammtheit zur Zeit z'', so ist diese Gesammtheit:

$$P.J.(d_1\, d_2\, \beta''\, \zeta'') = P.J.(e\, f\, \beta''\, \zeta') + P.J.(d_1\, d_2\, f\, e).$$

Man entnimmt also der Zählung die Lebenden der Altersstufe $a' + z'' - z'$ bis $a'' + z'' - z'$ und addirt dazu die zweite Hauptgesammtheit Verstorbener $[n' = z' - a'', n'' = z' - a', z', z'']$.

Sind aber die Verstorbenen der Zeitstrecke $P' P''$ nicht in zweiten, sondern in dritten Hauptgesammtheiten gegeben, d. h. nicht nach Geburtsstrecken, sondern nach Altersclassen gruppirt, so ist in der vorigen Gleichung die Grösse $P.J.(d_1\, d_2\, f\, e)$ unbekannt. Es wäre ungenau, für dieselbe ohne weiteres die gegebene Gesammtheit $P.J.(b_1\, c_1\, d_1\, d_2)$ einzusetzen, wenn auch die Parallelogramme $d_1\, d_2\, f\, e$ und $b_1\, c_1\, d_1\, d_2$ gleichen Flächeninhalt haben. Der Fehler würde gleich sein der Differenz zweier Elementargesammtheiten, nämlich $P.J.(c_1\, d_1\, e) - P.J.(b_1\, d_2\, f)$. Sind diese Elementargesammtheiten nicht direct gegeben, so muss man sich mit der annähernd richtigen Annahme begnügen, dass

$$P.J.(c_1\, d_1\, e) = \frac{1}{2} P.J.(c_1\, d_1\, e\, g) \text{ und } P.J.(b_1\, d_2\, f) = \frac{1}{2} P.J.(b_1\, d_2\, c_2\, f).$$

So erhält man aus dritten Hauptgesammtheiten einen genäherten Werth für $P.J.(d_1\, d_2\, f\, e)$ und folglich nach dem Obigen auch für

$$P.J.(d_1\, d_2\, \beta''\, \zeta'').$$

Der oben erwähnte Uebergang von $P.J.(b_1\, c_1\, \beta'\, \beta''')$ zu $P.J.(b_2\, c_2\, \beta'\, \beta''')$ lässt sich mit Hülfe dritter Hauptgesammtheiten von Verstorbenen ebenfalls nur näherungsweise vollziehen. Statt der unbekannten zweiten Hauptgesammtheit $P.J.(b_1\, b_2\, c_1\, c_2)$ nimmt man den Näherungswerth:

$$P.J.(b_1\, c_1\, d_1\, d_2) + \frac{1}{2} P.J.(a_1\, b_1\, d_2\, b_2) - \frac{1}{2} P.J.(c_1\, d_1\, c_2\, f).$$

Liegt der Zählungszeitpunkt nicht am Ende einer Zeitmaassstrecke, so ist die Reduction der Ergebnisse auf einen Endzeitpunkt je nach dem gegebenen Material mit grösserer oder geringerer Genauigkeit möglich.

Die Zählung habe stattgefunden zur Zeit $z' = OD$ (Fig. 4) und es werden die nach Altersclassen geordneten Gleichzeitigen zur Zeit $Z'' = OP_6$ verlangt. Die Maassstrecke sei ein Jahr.

Wir nehmen an, dass bei der Zählung die Altersbestimmung durch Erhebung des Geburtsjahrs erfolge, wie es z. B. in der preussischen und jetzt auch in der deutschen Reichsstatistik geschieht. Es ist alsdann z. B.

$$P.J.(\varphi_1\, \varphi_3\, \Pi_4\, \Pi_5)$$

gegeben und $P.J.(c_1\, d_2\, \Pi_4\, \Pi_5)$ gesucht. Die Aufgabe ist sofort gelöst, wenn $P.J.(\varphi_1\, \varphi_3\, d_2\, c_1)$ gegeben, d. h. wenn für den Jahresrest DP_6, in Deutschland also für den Monat Dezember in den Volkszählungsjahren die Verstorbenen, nach Geburtsjahren gruppirt, besonders erhoben sind. Dieses Verfahren ist denn auch von der Commission für die weitere Ausbildung der Zollvereinsstatistik ausdrücklich empfohlen worden.[1])

Ist aber jene zweite Hauptgesammtheit von Verstorbenen nicht gegeben, so muss man sich mit einer genäherten Bestimmung derselben begnügen, mit Hülfe von hypothetischen Annahmen, wie wir sie später erörtern werden.

Sind bei der Zählung nicht die Geburtsjahre, sondern die vollen Altersjahre der Individuen erhoben worden, so müsste man z. B. von $P.J.(\varphi_2\, \varphi_4\, \Phi_1\, \Phi_2)$ zu $P.J.(d_2\, e_1\, \Pi_4\, \Pi_5)$ übergehen, eine complicirtere Aufgabe, die eine ungewöhnliche Detaillirung des Materials erfordert.

---

[1]) Stat. des Deutschen Reiches, I. S. 97. Die Geborenen des December sind natürlich als Zuwachs zu berücksichtigen.

26. Es sei nun die Gesammtbevölkerung (eines Geschlechts), nach Altersclassen gruppirt, am Ende einer Zeitmaassstrecke μ gegeben.

Die zunächst zu stellende Frage ist dann also diese: wie viele sind von dieser Gesammtheit Gleichzeitiger am Ende der ersten, zweiten, dritten ... Zeitstrecke μ nach dem Ausgangspunkte noch übrig und wie viele sind gestorben?

Die ursprünglich gegebene Masse sei $P.J.(P' \Pi' \Phi')$ (Fig. 3); dann sind die Ueberlebenden nach den Zeitstrecken μ, 2μ, 3μ u. s. w. $P.J.(a_1 \Pi' \Phi'')$, $P.J.(a_2 \Pi' \zeta)$, $P.J.(a_3 \Pi' \zeta')$ u. s. w. Die Reihe der Verstorbenen aber wird durch die Punkteninhalte der trapezförmigen Streifen $P' a_1 \Phi' \Phi''$, $a_1 a_2 \zeta \Phi''$, $a_2 a_3 \zeta \zeta'$ u. s. w. dargestellt.

Die Punkteninhalte dieser Trapeze werden für $\mu = 1$ Jahr unmittelbar gefunden, wenn die Verstorbenen der einzelnen Erhebungsjahre nach Geburtsjahren gegeben sind. Sie sind nämlich gleich der Zahl derjenigen, die, vor dem Punkte P' geboren, im ersten, zweiten, dritten ... Jahre nach diesem Punkte gestorben sind.

Die Reihe der Ueberlebenden ergibt sich dann ohne Schwierigkeit. Sind dagegen die Verstorbenen der aufeinanderfolgenden Erhebungsjahre nach Altersclassen gesondert, so lassen sich die verlangten Reihen von Verstorbenen und Ueberlebenden nur näherungsweise bestimmen, indem man über die Grösse der Elementargesammtheiten $P.J.(P' P'' a_1)$, $P.J.(a_1 a_2 p_1)$, $P.J.(a_2 a_3 p_2)$ u. s. w. hypothetische Annahme machen muss.

27. Ein besonderes Interesse bieten die ersten Glieder dieser Sterbe- und Ueberlebens-Ordnungen einer Masse von Gleichzeitigen. Sie beantworten die Frage: wie viele Verstorbene gehen im Laufe eines Jahres aus einer gegebenen (männlichen oder weiblichen) Bevölkerung hervor und wie viele bleiben als Ueberlebende. Wenn überhaupt eine aus nur zwei Grundzahlen gebildete „Ziffer" die Mortalität und Vitalität einer ganzen Bevölkerung zu einer bestimmten Zeit charakterisiren kann, so dürften die Zahlenverhältnisse jener Verstorbenen und Ueberlebenden zu der ursprünglichen Gesammtheit sich am meisten zu diesem Zweck empfehlen. Man hätte also die „Sterblichkeitsziffer" zu bilden, indem man von der Zahl der Verstorbenen eines Jahres die Zahl der Kinder abzöge, die in demselben Jahre sowohl geboren wie gestorben sind, und die Differenz durch die Zahl der Lebenden im Anfang des Jahres dividirte.

Anstatt die Gesammtbevölkerung (eines Geschlechts) zu betrachten, kann man auch einzelne Generationen oder Altersclassen in dieser Weise verfolgen. Man kann fragen: wie viele sind von denjenigen, die zur Zeit z'

im Alter von a' bis a'' standen (also aus der Geburtsstrecke $z' - a''$ bis $z' - a'$ stammen) zur Zeit $z' + \mu$, $z + 2\mu$ etc. noch übrig. Aus der Figur ergibt sich, für $z' = OP'$, $a' = 0$, $a'' = \mu$, als Antwort die Reihe

$$P.J.(P' \Pi'' \beta''' b_2),\ P.J.(a_1 \Pi' \beta''' b_1),\ P.J.(a_2 \Pi' \beta''' h) \text{ u. s. w.},$$

und die numerischen Werthe dieser Grössen sind genau bestimmbar, wenn die Verstorbenen nach gleichen Erhebungsstrecken und Geburtsstrecken gegeben sind.

Berücksichtigt man die von Engel mit Recht betonte Verschiedenheit der Productivität der Hauptlebensabschnitte, so liegt es nahe, die Totalgesammtheit der Gleichzeitigen in drei grosse Abtheilungen zu zerlegen, von denen die erste das unproductive Jugendalter, die zweite die productive Lebensstrecke und die dritte das unproductive Greisenalter umfasst. Man kann nun fragen, wie viele von den Gleichzeitigen einer jeden dieser Abtheilungen nach der Zeit μ, etwa einem Jahre, noch leben und wie viele gestorben sind. Die Vergleichung der aus diesen Zahlen gebildeten Verhältnisse in verschiedenen Zeiten dürfte von unbestreitbarem Interesse sein. Die Lösung der Frage macht übrigens unter denselben Bedingungen, wie oben, keine Schwierigkeit.

Eine verwandte Frage ist folgende: Wie viele der ursprünglichen Angehörigen der drei Classen stehen nach der Zeit μ noch in derselben Classe?

Ist z. B. $B' c_2$ gleich der unproductiven Altersstrecke der Jugend, so würde die erste Classe zur Zeit z' ($= OP'$) dargestellt durch

$$P.J.(P' \Pi' \beta' c_2);$$

nach der Zeitmaassstrecke μ aber würden von diesen nur noch

$$P.J.(a_1 \Pi' \beta'' f)$$

zu derselben Kategorie gehören. Es ist aber:

$$P.J.(a_1 \Pi' \beta'' f) = P.J.(P' \Pi' \beta' c_2) - P.J.(c_2 d_2 \beta' \beta'') \\ - P.J.(P' a_1 f d_2).$$

Die gesuchte Grösse lässt sich also aus zweiten Hauptgesammtheiten von Lebenden und Verstorbenen genau bestimmen.

Ein ähnliches Verfahren führt zur Beantwortung derselben Frage für die beiden anderen Classen.

Man kann ferner noch fragen, wie viele von den ursprünglichen Angehörigen einer unteren Hauptclasse sich nach Ablauf der Zeitstrecke μ in der nächsthöheren Classe befinden. Für die Jugendclasse z. B. ist diese Zahl einfach $P.J.(c_1 f \beta' \beta'')$, eine Grösse, die sich mit Hülfe der zweiten Hauptgesammtheit $P.J.(c_1 c_2 d_2 f)$ ohne weiteres bestimmen lässt.

28. Wir wenden uns jetzt zu der Betrachtung der Gesammtheiten Gleichalteriger. Das Alter ist das einzige rein individuelle Unterscheidungsmerkmal, das wir festgehalten haben; eine Gesammtheit von Gleichalterigen ist also die homogenste, die sich überhaupt abgrenzen lässt, da Massen von gleichzeitig Geborenen nicht gebildet werden können. Eine solche, in Bezug auf das wichtigste Merkmal gleichartige Gesammtheit ist daher das geeignetste Collectivwesen, an dem die Sterblichkeit der Individuen in ihrem Auftreten als Massenerscheinung beobachtet werden kann.

Man hat also festzustellen, wie viele von den Geborenen einer gegebenen Strecke, d. h. von einer Generation, im Alter μ, 2μ, 3μ etc. noch leben und wie viele gestorben sind. Solche empirische Reihen ohne alle Zuthaten bezeichnen wir als Ueberlebens- oder Sterbeordnung einer wirklichen Generation.

Die Aufstellung derselben ist sehr leicht, wenn die Elementargesammtheiten in der nöthigen Vollständigkeit gegeben sind.

Die Bestandtheile der Sterbeordnung sind erste Hauptgesammtheiten von Verstorbenen mit quadratischer Umgrenzung, wie $P.J.(P' a_1 \beta_2 B''')$, $P.J.(a_1 a_2 b_1 b_2)$ u. s. w., und jede derselben besteht aus zwei Elementargesammtheiten, die zwei aufeinanderfolgenden Erhebungsjahren angehören. Der allgemeine Ausdruck der Sterbeordnung der Geborenen der Strecke n' bis n'' ist daher, wenn $n'' - n' = \mu$ und $z' = n''$:

$$[n', 0, z'] + [n'', \mu, z']; \; [n', \mu, z' + \mu] + [n'', 2\mu, z' + \mu];$$
$$[n'', 2\mu, z' + 2\mu] + [n'', 3\mu, z' + 2\mu] \text{ u. s. w.}$$

Die Reihe der Ueberlebenden ergibt sich sofort, indem man von der ursprünglichen Zahl der Geborenen die Gestorbenen der einzelnen Stufen abzieht.

Die Reihen für grössere Geburtsstrecken entstehen einfach durch Vereinigung der entsprechenden Glieder der Einzelreihen, die für eine der Zeitmaasseinheit μ gleiche Geburtsstrecke aufgestellt sind. [1])

---

[1]) Auf die Gruppirung der Verstorbenen nach Sterbejahr, Altersjahr und Geburtsjahr als Bedingung der Herstellung einer richtigen Sterblichkeitstabelle hat G. Meyer schon 1867 (Hildebrand's Jahrbücher, VIII, S. 19) hingewiesen. Knapp legte diese Nothwendigkeit im Zusammenhange mit seiner allgemeinen theoretischen Entwicklung dar (Ermittlung der Sterblichkeit, S. 67). Um dieselbe Zeit lieferte Becker bereits ein nach diesem Princip geordnetes Material für (das Herzogthum) Oldenburg und die Sterbejahre 1861—64, (Stat. Mittheil. über das Grossherzogthum Oldenburg, IX, 1867) das in dem neuesten Hefte dieser Publication (XIII, 1872) bis 1870 weiter geführt ist. Knapp theilte ferner (Sterb-

29. Wenn aber auch, wie zu hoffen ist, die Erhebung der Elementargesammtheiten in der amtlichen Statistik allgemeiner eingeführt wird, so könnte sie doch erst nach hundertjähriger Fortführung die volle Sterbereihe einer Generation kennen lehren.

Als Mittel zu einer schnelleren Bestimmung der Sterblichkeitsverhältnisse bietet sich zunächst die Combination der Ergebnisse der Zählungen mit den Daten der Sterbelisten dar.

Damit diese beiden Erhebungen sich ineinanderfügen, muss die Zählung am Endpunkt einer Zeitmaassstrecke μ stattfinden oder doch auf einen solchen Punkt reducirt werden.

Ist μ ein Jahr, so ist man unter jener Bedingung im Stande, mit Hülfe der unteren Elementargesammtheiten des der Zählung vorhergehenden Jahres eine Reihe erster Hauptgesammtheiten von Lebenden aller Altersclassen zu bestimmen. Die Zählung liefert z. B. die zweiten Hauptgesammtheiten von Lebenden $P.J.(a_1\, b_1\, \Pi'\, \beta''')$, $P.J.(b_1\, f\beta''\, \beta''')$ u. s. w.; addirt man zu diesen die Elementargesammtheiten $P.J.(a_1\, b_1\, b_2)$, $P.J.(b_1\, d_2\, f)$ u. s. w., so entstehen die ersten Hauptgesammtheiten von Lebenden $P.J.(a_1\, b_2\, \Pi'\, \beta''')$, $P.J.(b_1\, d_2\, \beta''\, \beta''')$ u. s. w. Subtrahirt man ferner von den gezählten Altersclassen die oberen Elementargesammtheiten aus dem der Zählung folgenden Jahre, so entsteht eine zweite Reihe von Gesammtheiten Gleichalteriger, wie $P.J(a_2\, b_1\, \Pi'\, \beta''')$, $P.J.(fh\beta''\, \beta''')$ u. s. w., von denen jede einer der Gesammtheiten der ersten Reihe entspricht, indem sie die Ueberlebenden derselben in der nächsthöheren Altersstufe darstellt.[1])

lichkeit in Sachsen, Leipzig 1869, S. 116) eine von Lange zusammengestellte Gruppirung dieser Art für Anhalt mit und gab selbst ähnliche Zusammenstellungen für Leipzig (zuerst in der Arbeit über den Bevölkerungswechsel in Leipzig, VI. Heft der Mitth. des leipziger statistischen Bur. S. XII und 78). Der statistische Congress im Haag nahm v. Baumhauers Vorschlag in Betreff der Aufzeichnung des Alters und des Geburtsjahrs der Verstorbenen ohne eingehendere Debatte an (Compte rendu etc. II. p. 105). In der niederländischen Statistik ist diese Methode jetzt eingeführt. Vgl.. auch v. Baumhauer, Progr. du C. stat. à la Haye p. 38; Hopf, Zeitschr. des preuss. stat. Bur. 1869, S. 8; O. Brasche, Beitrag zur Meth. der Sterblichkeitsberechnung, Würzb. 1870. Die Commission für die weitere Ausbildung der Statistik des Zollvereins empfiehlt die Durchführung des in Rede stehenden Princips nicht nur für die Sterbefälle, sondern auch für die Eheschliessungen und Ehelösungen. Stat. des deutschen Reiches I. Berlin 1873, S. 92 u. 96.

[1]) Vgl. Zeuner, Abhandlungen zur math. Statistik, Leipzig 1869, S. 48. Im Wesentlichen dieselbe Methode behandelte aber bereits Becker in der scharfsinnigen Abhandlung „Zur Theorie der Sterbetafeln für ganze Bevölkerungen" (Stat. Nachrichten über d. Grossh. Oldenburg IX, 1867.)

Man erhält bei diesem Verfahren allerdings nicht die Sterbe- und Ueberlebensordnung einer Generation, sondern nur Bruchstücke solcher Ordnungen für eine ganze Reihe von Generationen. Wenn man aber annehmen dürfte, dass die Zahl der Ueberlebenden einer jeden Altersstufe der jedesmaligen Stärke der Generation proportional sei, so könnte man die obigen Resultate auf eine gleiche Anzahl von Geborenen reduciren und somit die Ueberlebens- und die Sterbeordnung einer idealen Generation aufstellen, welche die Sterblichkeitsverhältnisse der ganzen Bevölkerung in der gegebenen Beobachtungszeit charakterisiren würde.

Halten wir aber an der rein empirischen Ueberlebens- und Sterbeordnung fest, so hat das oben dargelegte Verfahren immerhin den Vorzug, dass es eine unmittelbare Verwerthung der Elementargesammtheiten gestattet, auch wenn dieselben nur für wenige Jahre erhoben sind, und dass es nach einigen Zählungsperioden schon beträchliche Bruchstücke der Ueberlebens- und Sterbeordnung einer grossen Anzahl von Generationen liefert.

30. Solche Bruchstücke lassen sich auch ohne Kenntniss der Elementargesammtheiten bestimmen, bloss mit Hülfe zweier Zählungen, der Geburtenzahlen und der dritten Hauptgesammtheiten von Verstorbenen. Es geschieht dies nach dem von Knapp angegebenen „sächsischen" Verfahren, nämlich durch Vermittlung der Gleichung (3) oder (7).

Ist z. B. die Maassstrecke ein Jahr, der Abstand der Zählungszeiten $B'' P''$ oder $z'' - z'$ gleich 3 Jahren und sind die Verstorbenen nach Sterbejahren und einjährigen Altersclassen gegeben, so hat man, wenn $n' = OB' = z' - 1$:

$$[n', n' + 3, 1, \omega] = [n', n' + 1, \omega, z'] + [n' + 1, n' + 4, 0, \omega]$$
$$- [n' + 3, n' + 4, \omega, z'] - [0, 1, z', z''].$$

Die Grösse links ist eine erste Hauptgesammtheit von Lebenden,

$$P.J.(B' P' \beta' \Pi'),$$

die Gesammtheit derjenigen, die, in der Strecke $B' P'$ geboren, das Alter 1 erreichen. Die Glieder rechts aber sind sämmtlich bekannt, das erste und dritte aus den Zählungen, das letzte aus den Sterbelisten und das zweite aus den Geburtslisten.

In ganz analoger Weise würde man die erste Hauptgesammtheit von Lebenden $[n' - 1, n' + 2, 2, \omega]$ oder $P.J.(b_1 \, l \, \zeta'' \, \beta''')$ bestimmen können; überhaupt schiebt sich bei jedem Uebergange zu einer höheren Altersstufe die zugehörige dreijährige Geburtsstrecke der betreffenden Ueberlebenden um 1 Jahr zurück.

31. Die bisher erörterten Methoden zur Aufstellung ganzer oder partieller Ueberlebens- und Sterbeordnungen wirklicher Generationen sind theoretisch streng, können aber in der Praxis wegen der Unvollständigkeit des Materials vorläufig nur eine beschränkte Verwendung finden.

Man wird sich also in den meisten Fällen noch mit Näherungsmethoden behelfen müssen, die auf mehr oder weniger wahrscheinlichen Hypothesen beruhen.

Namentlich legen wir bei diesen Berechnungen die beiden folgenden Annahmen zu Grunde:

1) Innerhalb eines Stückes der Punktenebene, welches von je zwei in einem mässigen Abstande gezogenen Geburts- und Altersgrenzlinien umschlossen wird, darf unter Umständen eine gleichmässige Vertheilung der Sterbepunkte angenommen werden, in dem Sinne, dass die Anzahl derselben in nicht zu kleinen Abschnitten des ganzen Stückes als dem Flächeninhalt dieser Abschnitte proportional betrachtet werden kann.
2) Liegen zwei Stücke der Punktenebene, deren Punkte als gleichmässig vertheilt gelten dürfen, zwischen denselben Altersgrenzen, aber zwischen verschiedenen Geburtsgrenzlinien, so ist näherungsweise ihr Punkteninhalt zusammengesetzt proportional dem Flächeninhalt der Stücke und der Geburtenzahl in einer Maasseinheit der zugehörigen Geburtsstrecken (der Geburtendichtigkeit), sofern die Vertheilung der Geburten in diesen Strecken als gleichmässig angesehen werden darf.

Von der Zulässigkeit dieser Annahmen überzeugt man sich im allgemeinen durch die vorläufige Betrachtung einer grösseren Masse von Sterbefällen, die nach Erhebungsjahr und Alter unterschieden sind. Immerhin aber bleiben sie ihrem Wesen nach hypothetisch, und sie würden sogar willkürlich, wenn man sie auch auf solche Stücke der Ebene anwenden wollte, in denen nur wenige Punkte vorkommen. Jedoch kommt uns zu statten, dass diese Hypothesen nur zur Berechnung von Correctionen, nicht zur Bestimmung von Hauptziffern dienen, und in dieser beschränkten Anwendung scheinen sie unbedenklich.

32. Bei den ersten Versuchen zur Aufstellung von Absterbeordnungen bediente man sich bekanntlich nach der sogenannten Halley'schen Methode nur der Sterbelisten, welche die nach Sterbejahr und Altersclasse gebildeten Gruppen der Verstorbenen enthielten. Es war also nur der Punkteninhalt der Parallelogramme gegeben, welche in einem schrägen Streifen, wie z. B. $P' P'' \Phi' \Phi''$ durch die Altersgrenzlinien gebildet werden. Bei

einjährigen Altersclassen ist die Zahl derselben natürlich grösser, als in der Figur angedeutet ist.

Wenn man nun die Reihe dieser Punkteninhalte der Sterbeordnung der Generation der Strecke $P' P''$ gleich setzt, so macht man die Annahme, dass der Punkteninhalt jedes Parallelogramms des schrägen Streifens, wie z. B. $c_2\, d_1\, c_1\, f$, gleich sei dem Punkteninhalt des zwischen denselben Altersgrenzlinien liegenden Quadrats $a_3\, a_4\, p_3\, p_4$ in dem Längsstreifen

$$P' P'' \Pi' \Pi''.$$

Diese Figuren haben allerdings gleichen Flächeninhalt, aber die Gleichheit ihres Punkteninhaltes wird nach der Annahme 2) (§ 31) nur unter der Bedingung vorausgesetzt werden dürfen, dass auch die Geburtendichtigkeit in den Jahresstrecken $BB', B'B''$ und $P'P''$ dieselbe sei, oder dass, wenn man als Maassstrecke für die Bestimmung der Geburtendichtigkeit einen Bruchtheil des Jahres, etwa einen Monat, nimmt, diese monatlichen Geburtendichtigkeiten sich in jedem Jahre in derselben Reihenfolge wiederholen.

Es ist nämlich leicht zu übersehen, dass unter dieser letzteren Voraussetzung nach der Annahme 2) der Punkteninhalt des oberen Elementardreiecks $c_1\, c_2\, d_1$ gleich $P.J.(a_4\, p_3\, p_4)$ und ebenso $P.J.(c_1\, c_2\, f)$ gleich $P.J.(a_3\, a_4\, p_2)$ wird, da die trapezförmigen Stücke der beiden oberen und der beiden unteren Elementardreiecke, welche einem gleichnamigen Geburtsmonat entsprechen, denselben Flächeninhalt besitzen.

33. Die Halley'sche Methode setzt also ausser der Gültigkeit der Annahme 2) voraus, dass während der Maximaldauer eines Menschenlebens die Geburtendichtigkeit entweder constant geblieben sei oder sich in den entsprechenden Bruchtheilen eines jeden Jahres (oder auch einer anderen Zeitmaasseinheit) periodisch wiederholt habe.[1])

Im ersten Falle bleibt die Bevölkerung fortwährend in allen Altersclassen constant; im anderen Falle erleidet sie kleine periodische Schwankungen, kommt aber an jedem Jahresende wieder auf denselben Stand.

Unter beiden Voraussetzungen ist die mittlere Lebensdauer der Verstorbenen eines Jahres gleich der mittleren Lebensdauer einer vollständig ausgestorbenen Generation. Man überzeugt sich davon sofort, indem man die sich entsprechenden Parallelogramme und Quadrate durch neue Altersgrenzlinien, wie $\gamma_1\, \vartheta_1$ in schmale Streifen zerlegt, deren Punkte auf ein gleiches durchschnittliches Sterbealter bezogen werden können; je zwei dieser Streifen aber sind auf gleiche Art aus Stücken von oberen und

---

[1]) Vgl. Knapp, Ermittl. der Sterblichkeit, S. 84.

unteren Elementargesammtheiten zusammengesetzt und enthalten daher auch bei periodisch wechselnder Geburtendichtigkeit gleich viele Sterbepunkte.

Das mittlere Lebensalter der gleichzeitig Lebenden dagegen steht selbst bei vollkommen constanter Geburtendichtigkeit in keiner einfachen Beziehung zu der mittleren Lebensdauer einer Generation. (Vergl. Knapp, Ermittl. der Sterblichkeit, S. 105.) Das summirte Alter der Gesammtheit $P.J.(P' \Pi' \Phi')$ ist nämlich unter den Voraussetzungen der Halley'schen Methode gleich der Summe der Alterssummen, welche den Ueberlebenden der Generation der Jahresstrecke PP'' zu den Zeiten OP'', OZ, OZ_1, OZ_2 u. s. w. zukommen.

34. Nennt man den Quotienten aus der Gesammtzahl der gleichzeitig Lebenden und der Zahl der Geburten in einem Jahre die Geburtsziffer, so ist leicht zu zeigen, dass diese Ziffer unter der Voraussetzung constanter Geburtendichtigkeit gleich ist der in Jahren ausgedrückten mittleren Lebensdauer.

Man denke sich die Jahresstufen des Alters in Unterabtheilungen von der Grösse $\delta = a_2 i$ zerlegt und nehme die Punktenvertheilung in jedem der auf diese Art entstehenden schmalen Streifen als gleichförmig an, was bei constanter Geburtendichtigkeit zulässig ist. Folglich verhalten sich z. B. die Punkteninhalte des schmalen Trapezes $a_2 d_2 \varepsilon i$ und des Rechtecks $a_2 p_2 i i_1$ zu einander, wie die Flächeninhalte dieser Figuren, d. h., wenn $P' a_2 = a_2 d_2$ gleich x gesetzt wird, so ist

$$P.J.(a_2 d_2 \varepsilon i) = \left(x + \frac{\delta}{2}\right) P.J.(a_2 p_2 i i_1).$$

Der Ausdruck rechts aber ist (mit Rücksicht auf die gleichmässige Vertheilung der Sterbepunkte) gleich der Alterssumme der im Alter von x bis $x + \delta$ Verstorbenen aus der Generation $P' P''$.

Bildet man nun die entsprechende Gleichung für alle ähnlichen Streifen einestheils des Dreiecks $P' \Pi' \Phi'$ und anderntheils des Rechtecks $P' P'' \Pi' \Pi''$ und addirt diese Gleichungen, so erhält man links den Punkteninhalt des Dreiecks $P' \Pi' \Phi'$, d. h. die Zahl der gleichzeitig Lebenden, und rechts die vollständige Alterssumme der Generation $P' P''$. Hieraus ergibt sich sofort die oben angegebene Bedeutung der Geburtsziffer, die übrigens unter den vorliegenden Bedingungen identisch ist mit der Sterbeziffer in der gewöhnlichen Bedeutung, d. h. dem Quotienten aus der Zahl aller Gleichzeitigen und der Zahl der Verstorbenen eines Jahres.

35. Beiläufig sei hier noch eine ähnliche Näherungsbestimmung der mittleren Lebensdauer einer Generation angegeben für den Fall, dass die Geburtendichtigkeit — ausgedrückt durch die Zahl der Geburten in einem Jahre oder einem Bruchtheile des Jahres — seit einer langen, das Maximalalter überschreitenden Zeitstrecke in arithmetischer Progression zu- oder abgenommen habe, während ausserdem die Annahme 2) gilt.

Nimmt man als Maass der Punktendichtigkeit in der Ebene diejenige Zahl von Punkten an, welche in einem Rechteck mit einer Grundlinie gleich der Zeitmaasseinheit $P' P''$ und der Höhe δ enthalten ist, so ist der Punkteninhalt eines trapezförmigen Streifens mit der Höhe δ, wie $d_2 \varepsilon i_1 p_2$, gleich $\left(x + 1 + \frac{\delta}{2}\right)$ multiplicirt mit der mittleren Punktendichtigkeit in diesem Streifen — wenn x wieder die untere Altersgrenze des Streifens bezeichnet. Die mittlere Punktendichtigkeit aber ist unter der obigen Voraussetzung gleich $\frac{1}{2}\Big(P.J.(b_1 d_2 \varepsilon \varepsilon_1) + P.J.(a_2 p_2 i i_1)\Big)$

Man hat also:

$$P.J.(d_2 \varepsilon i_1 p_2) =$$

$$\frac{1}{2}\Big(P.J.(b_1 d_2 \varepsilon \varepsilon_1) + P.J.(a_2 p_2 i i_1)\Big).\left(x + 1 + \frac{\delta}{2}\right).$$

Bildet man die entsprechenden Gleichungen für alle Streifen des Trapezes $P' P'' \Pi'' \Phi'$ und addirt diese Gleichungen, so erhält man links die Zahl der zur Zeit OP' Lebenden plus der Zahl der in der Strecke $P' P''$ (gleich einem Jahre) Geborenen. Bezeichnet man die erstere Zahl mit L_z, die letztere mit G_{z+1}, ferner die Gestorbenen zwischen den Zeitgrenzlinien $P' \Phi'$ und $P'' \Phi''$ mit S_{z+1}, und das summirte Alter jener Geborenen (nach ihrem Aussterben) und dieser Verstorbenen mit resp. $(AG)_{z+1}$ und $(AS)_{z+1}$, so entsteht aus der Summirung jener Gleichungen nach einigen Umformungen die Beziehung:

$$L_z = \frac{1}{2}\Big((AS)_{z+1} + (AG)_{z+1}\Big) + \frac{1}{2}\Big(S_{z+1} - G_{z+1}\Big).$$

Hieraus folgt als mittlere Lebensdauer der Generation:

$$\frac{(AG)_{z+1}}{G_{z+1}} = \frac{L_z}{G_{z+1}} + \frac{L_z - (AS)_{z+1} + (G_{z+1} - S_{z+1})}{G_{z+1}}$$

Es tritt also zu der Geburtsziffer $\frac{L_z}{G_{z+1}}$ eine Correction, die bei dauernd constanter Bevölkerung Null wird.

Diese Correction ist auch dann noch einigermaassen brauchbar, wenn die Geburtendichtigkeit einzelne Schwankungen erfahren hat, falls sie nur im Grossen und Ganzen in annähernd arithmetischer Progression zu- oder abgenommen hat.

36. Die Unzulänglichkeit der Halley'schen Methode ist längst erkannt. Man hat daher, namentlich seit der von Moser gegebenen Anregung, neben den dritten Hauptgesammtheiten der Sterbelisten auch die Altersclassen der gleichzeitig Lebenden zu Hülfe genommen.[1])

Es ist bei diesem Verfahren im Princip derselbe Weg einzuschlagen, der im § 29 angegeben ist; aber die Elementargesammtheiten, die oben als bekannt vorausgesetzt wurden, sind in diesem Falle nicht gegeben, sondern müssen näherungsweise aus den dritten Hauptgesammtheiten abgeleitet werden.

Es ist also z. B. durch Zählung gegeben die Zahl der Gleichzeitigen aus der Altersclasse a bis $a+1$, die durch den Punkteninhalt eines Trapezes wie $c_1\, c\, \zeta''\, \beta'$ dargestellt wird.

Die Zahl der Verstorbenen derselben Altersclasse in dem der Zählung (die auf einen Jahresschluss zu beziehen ist) vorhergehenden Jahre ist $P.J.(c_1\, d_1\, g\, e)$ und wenn G_1 und G_2 die Zahlen der (gleichmässig vertheilten) Geburten in den Jahresstrecken $B_1\, B$ und BB' bedeuten, so folgt aus der Annahme 2) (§ 31), dass näherungsweise die Elementargesammtheit

$$P.J.(c_1\, d_1\, e) = \frac{G_2}{G_1 + G_2}\, P.J.(c_1\, d_1\, g\, e).$$

Addirt man diese Elementargesammtheit zu der gegebenen Altersclasse der Lebenden, so erhält man eine erste Hauptgesammtheit von Lebenden, $P.J.(c_1\, d_1\, \zeta''\, \beta')$, die ein Glied der Ueberlebensordnung der G_2 Geborenen der Strecke BB' bildet.

Das nächstfolgende Glied dieser Ueberlebensordnug erhält man, indem man von der gegebenen Altersclasse der Lebenden die Elementargesammtheit $P.J.(c_1\, e\, g)$ abzieht; der Näherungswerth dieser letzteren aber ist $\frac{G_2}{G_2 + G_3}\, P.J.(c_1\, d_2\, g_1\, e)$, wenn G_3 die Geburtenzahl der folgenden Jahresstrecke $B'\, B''$ darstellt.

[1]) Ueber die verbesserte Handhabung dieser Näherungsmethode s. von Baumhauer im Journ. des économistes, 1868, III, p. 33 und Programme du congrès stat. à la Haye, p. 36, ferner namentlich Becker, l. c. S. 265 und Zeitschr. des preuss. stat. Bureaus 1869, S. 125.

Genauere Näherungsbestimmungen von Elementargesammtheiten werden weiter unten folgen.

37. Die Resultate der obigen Methode, nach der sich auch leicht die Sterbeordnung einer idealen Generation aufstellen lässt, sind, abgesehen von den Ungenauigkeiten der Zählung, für die höheren Altersclassen genügend brauchbar, nicht aber für die beiden ersten, da für diese die Annahme einer der Geburtendichtigkeit proportionalen und im übrigen gleichförmigen Vertheilung der Sterbepunkte zwischen den beiden Altersgrenzlinien der Classen nicht zutrifft.

Man hat daher die Verstorbenen der unteren Altersclassen direct mit Gesammtheiten von Geborenen zu vergleichen gesucht, die jenen Verstorbenen möglichst genau entsprächen. Die Verallgemeinerung dieses Verfahrens ist die Hermann'sche Methode, welche nur die Zahlen der Verstorbenen nach Jahrgängen und Altersclassen und die Geburtenzahlen für eine entsprechende Reihe zurückliegender Jahre verwendet.

Eine dritte Hauptgesammtheit von Verstorbenen im Alter $0 - 1$ z. B. $P.J.(P_3 P_4 b_1 c_1)$ wird bezogen auf die Geborenen der Strecke $P_3 P_4$ (Fig. 4), ebenso die nächsthöhere Altersclasse des folgenden Sterbejahrs $P_4 P_5$, nämlich $P.J.(c_1 d_1 c_2 b_2)$, ferner die dritte Altersclasse des zweitfolgenden Jahres u. s. w.

Mit anderen Worten, man setzt die unbekannte erste Hauptgesammtheit Verstorbener $P.J.(P_3 P_4 c_1 d_1)$ näherungsweise gleich

$$P.J.(P_3 P_4 b_1 c_1),$$

ebenso $P.J.(c_1 d_1 c_2 d_2)$ gleich $P.J.(c_1 d_1 c_2 b_2)$ u. s. w.

Es entspricht dies der Annahme, dass z. B. in der ersten Altersclasse die beiden oberen Elementargesammtheiten $P.J.(P_3 b_1 c_1)$ und

$$P.J.(P_4 c_1 d_1)$$

einander gleich seien.

Diese Annahme ist unbedenklich, wenn die Geburtendichtigkeiten in den Strecken $P_2 P_3$ und $P_3 P_4$ annähernd gleich sind. Denn die Abnahme der Punktendichtigkeit von der Geburtenaxe aufwärts beeinflusst den Punkteninhalt der beiden congruenten und homolog gelegenen Elementardreiecke in demselben Verhältniss. Man überzeugt sich davon leicht, wenn man die Dreiecke durch Hülfslinien, wie $\gamma \varepsilon$ in Streifen zerlegt, innerhalb deren die Vertheilung der Punkte als gleichmässig angesehen werden darf.

Im allgemeinen aber sind die Geburtendichtigkeiten in zwei aufeinanderfolgenden Jahren verschieden, und dadurch wird ein Fehler der Hermann'schen Methode bedingt. Jedoch lässt sich die Ungenauigkeit derselben verhältnissmässig um so mehr verringern, je mehr Jahresgenerationen man zu einer Anfangsgesammtheit von Geborenen zusammenfasst. Eine solche Zusammenfassung wird auch von Hermann ausdrücklich empfohlen.[1]) Vereinigt man z. B. die Geburtsstrecken von P_2 bis P_6, so ist der Fehler bei der Substitution von $P.J.(P_2\,P_6\,a_1\,e_1)$ für $P.J.(P_2\,P_6\,b_1\,f_1)$ gleich der Differenz $P.J.(P_6\,f_1\,e_1) - P.J.(P_2\,a_1\,b_1)$, die im Verhältniss zu den Gesammtzahlen der Geborenen und Gestorbenen um so kleiner sein wird, je grösser die Geburtsstrecke $P_2\,P_6$ ist. Der Fehler wird vollends fast gänzlich verschwinden, wenn das letzte Jahr dieser Strecke ungefähr gleich viele Geburten aufweisst, wie das der gewählten Strecke vorhergehende.

Die Genauigkeit der Hermann'schen Methode kann überhaupt, abgesehen von der Störung durch Wanderung, um so mehr gesteigert werden, je kleiner die Zeitstrecke ist, nach der sowohl die Zahl der Verstorbenen gegeben, als auch das Alter derselben unterschieden ist. In den belgischen Tabellen über die Bewegung der Bevölkerung z. B. werden seit 1841 die Gestorbenen der ersten Altersclasse gruppirt nach monatlichen Altersclassen und nach Sterbemonaten, während für das zweite Lebensjahr die combinirte Unterscheidung nach vierteljährigen Altersclassen und Sterbemonaten gegeben wird. Auch die italienische Statistik verzeichnet seit 1863 die Sterbemonate der Altersclassen von 0—1, 1—3, 3—6, 6—9, 9—12 Monaten.

Welche Genauigkeit die Resultate der Hermann'schen Methode auf Grund eines Materials, wie das belgische, erlangen, ist aus Fig. 4 ersichtlich. Es sollen die Theilstrecken $P_3\,\mu_1$, $\mu_1\,\mu_2$, ... $P_3\,o_1$, $o_1\,o_3$ u. s. w. einen Monat darstellen. Setzt man nun z. B. nach dem Hermann'schen Princip $P.J.(P_3\,P_5\,\tau_1\,\sigma_1)$ gleich $P.J.(P_3\,P_5\,o_1\,o_2)$, so begeht man einen Fehler gleich der Differenz der kleinen Elementargesammtheiten

$$P.J.(P_5\,\sigma_1\,o_2) \text{ und } P.J.(P_3\,\tau_1\,o_1).$$

Wäre nun die erste Altersclasse nur nach Sterbejahren und monatlichen Altersclassen zerlegt, nicht aber nach Sterbemonaten, so wäre für die zweite monatliche Altersclasse nur $P.J.(\tau_1\,\varrho\,\sigma_1\,\varrho_1)$ gegeben und durch die Gleichsetzung dieser Grösse mit $P.J.(o_1\,o_2\,o_3\,o_4)$ würde schon ein

[1]) Beiträge zur Stat. des Königr. Bayern III, München 1854, S. V. Hermann zeigt sich zweifelhaft, ob das Verhältniss der Summe der Gestorbenen mehrerer Jahrgänge zu der Summe der Geborenen oder das arithmetische Mittel der Quotienten aus den Geburten- und Sterbezahlen der einzelnen Jahrgänge vorzuziehen sei. Vom Standpunkt der Wahrscheinlichkeitsrechnung ist nur das erstere Verfahren berechtigt.

grösserer Fehler entstehen, als der bei der ersten Monatsstufe gemachte. Bei allen höheren Monatsstufen würde sich der Fehler noch mehr vergrössern.

Ist aber die Gruppirung nach monatlichen Altersclassen und monatlichen Sterbestrecken gegeben, so kennt man die Punkteninhalte der kleinen Rhomben, wie $o_1\, o_5\, o_3\, \tau_2$ und somit auch den Punkteninhalt des Streifens $o_1\, o_2\, \sigma_2\, \tau_2$. Wird dieser gleich $P.J.(o_1\, o_2\, o_3\, o_4)$ gesetzt, so reducirt sich der Fehler wieder auf die Differenz der kleinen Elementargesammtheiten $P.J.(o_2\, o_4\, \sigma_2)$ und $P.J.(o_1\, o_3\, \tau_2)$.

Auf diese Art kann man die ganze Hauptgesammtheit $P.J.(P_2\, P_5\, c_1\, e_1)$ zusammensetzen, indem man nur einen Fehler begeht, der gleich ist der Summe von 12 Differenzen von Monats-Elementargesammtheiten, während man, falls das oben vorausgesetzte Material nicht gegeben wäre, den jedenfalls beträchtlich grösseren Fehler $P.J.(P_5\, d_1\, e_1) - P.J.(P_3\, b_1\, c_1)$ zulassen müsste.

38. Mit Hülfe des gedachten Materials lassen sich bei Zusammenfassung mehrerer Jahresgenerationen mit befriedigender Genauigkeit für die ersten Altersclassen die Verhältnisse $f_1, f_2, f_3 \ldots f_x$ bestimmen, die zwischen den Zahlen der ersten, zweiten, dritten ... $x$ten monatlichen Altersclasse von Verstorbenen und der Generation bestehen, aus der sie hervorgegangen sind.

Innerhalb jeder der höheren Altersclassen darf man f_x als constant betrachten, also annehmen, dass in den einzelnen Monatsstufen des $a$ten Altersjahrs von einer gegebenen Generation gleich viele sterben.

Unter dieser Voraussetzung und der weiteren Annahme, dass die Geburten sich in den einzelnen Jahresstrecken gleichmässig vertheilen, erhält man eine Correction der Hermann'schen Methode für jene Altersclassen, indem man die Elementargesammtheiten, deren Differenz den Fehler ausmacht, nach dem bereits im § 36 angewandten Näherungsverfahren mit Hülfe der Geburtenzahlen bestimmt.

Es ist z. B. der Fehler bei der Bestimmung von $P.J.(b_2\, d_2\, b_3\, d_3)$ nach der Hermann'schen Methode gleich $P.J.(d_2\, d_3\, c_3) - P.J.(b_2\, b_3\, a_3)$. Sind nun die Geburtenzahlen in den Jahresstrecken $P_1\, P_2, P_2\, P_3, P_3\, P_4, P_4\, P_5$ resp. gleich G_1, G_2, G_3, G_4 so ist diese Differenz annähernd gleich

$$\frac{G_3}{G_3 + G_4} P.J.(d_2\, e_2\, c_3\, d_3) - \frac{G_1}{G_1 + G_2} P.J.(b_2\, c_2\, a_3\, b_3).$$

Für das zweite Lebensjahr könnte man, wenn directe Daten fehlen, vielleicht zu der Hypothese greifen, dass $f_x = a - b\,x'$, wo a und b noch zu bestimmende Constanten, und $x' = x - 12$, also bis zum Schluss der zweiten Jahresclasse alle ganzen Zahlen von 1 bis 12 durchläuft.[1])

Denkt man sich innerhalb der zweiten Jahresclasse monatliche Altersgrenzlinien gezogen, so wird z. B. das Parallelogramm $c_1\,d_1\,b_2\,c_2$ in Streifen getheilt, die ihrerseits durch die Geburtsgrenzlinie $c_1\,c_2$ in Trapeze wie $\beta_2\,\gamma_2\,\beta_1\,\gamma_1$ und $\beta_3\,\beta_4\,\gamma_1\,\gamma_2$ zerlegt werden. Der Punkteninhalt der Trapeze des x'ten Streifens, von der Grenzlinie $b_1\,d_1$ an gerechnet, wird nun nach unseren Annahmen gleich sein

$$\frac{x' - \frac{1}{2}}{12} f_{12+x'}\, G_1 \text{ und } \frac{12 - x' + \frac{1}{2}}{12} f_{12+x'}\, G_2,$$

wenn G_1 und G_2 die Geburtenzahlen der Jahresstrecken $P_2\,P_3$ und $P_3\,P_4$ bezeichnen. Ist ferner G_3 die Geburtenzahl der Jahresstrecke $P_4\,P_5$ und setzt man für $f_{12+x'}$ den oben angegebenen hypothetischen Ausdruck, so erhält man die Gleichungen:

$$P.J.(c_1\,d_1\,b_2\,c_2) = \Sigma(a - b\,x')\,G_1\,\frac{x' - \frac{1}{2}}{12} + \Sigma(a - b\,x')\,G_2\,\frac{12 - x' + \frac{1}{2}}{12}$$

$$P.J.(d_1\,c_1\,c_2\,d_2) = \Sigma(a - b\,x')\,G_2\,\frac{x' - \frac{1}{2}}{12} + \Sigma(a - b\,x')\,G_3\,\frac{12 - x' + \frac{1}{2}}{12}$$

in denen für x' alle ganzen Zahlen von 1 bis 12 einzusetzen sind.

Aus diesen Gleichungen kann man die Constanten a und b bestimmen. Ergibt nun ein zweites Paar von analogen Gleichungen annähernd dieselben Werthe, so ist die zu Grunde gelegte Hypothese berechtigt. Man könnte dann auch eine grössere Anzahl von ähnlichen Gleichungen zu Hülfe nehmen und nach der Methode der kleinsten Quadrate die wahrscheinlichsten Werthe von a und b bestimmen.

Wird f_x als bekannt vorausgesetzt, so folgt aus dem Obigen unmittelbar der genäherte Werth der oberen Elementargesammtheiten, deren Differenz die Correction bildet. Es ist z. B. $P.J.(c_1\,c_2\,b_2)$ nahezu gleich

---

[1]) Die Annahme einer gleichmässigen Vertheilung der Sterbepunkte in den Grenzen einer ersten Hauptgesammtheit entspricht der Voraussetzung eines theilweise geradlinigen Verlaufs der gewöhnlich construirten Ueberlebens-Curve unter einer bestimmten Neigung; unter der Hypothese einer continuirlich-gleichmässigen Abnahme der Punktendichtigkeit ist die Ueberlebenscurve auf der betreffenden Strecke parabolisch, und überhaupt wird die Curve der Punktendichtigkeit immer um einen Grad niedriger sein, als die des Ueberlebens.

$\Sigma f_{12+x'} G_1 \frac{x'-\frac{1}{2}}{12}$, wenn die Summirung nach x' sich wieder auf die ganzen Zahlen von 1 bis 12 bezieht.

39. Wenn die Gestorbenen nicht nach Altersclassen, sondern wie z. B. in Preussen nach Geburtsjahren gruppirt sind, so findet man die genäherte Sterbeordnung der Generationen nach einem entsprechend abgeänderten Verfahren. In der preussischen Statistik ist seit 1864 (in der Tabelle über Familienstand und Geschlecht der Gestorbenen) für das erste Lebensjahr auch eine dritte Hauptgesammtheit gegeben, nämlich die Zahl derjenigen, die im Erhebungsjahr im Alter von 0 bis 1 Jahren gestorben sind. Es ist also z. B. (Fig. 4) für die Jahresstrecke $P_4 P_4$ gegeben 1) $P.J.(P_3 P_4 c_1)$ und 2) $P.J.(P_3 P_4 b_1 c_1)$.

Solche Daten aus zwei aufeinanderfolgenden Erhebungsjahren machen es möglich, eine quadratische Hauptgesammtheit für die erste Altersclasse einer Generation theoretisch genau zu bestimmen.

Denn es ist: $P.J.(P_4 P_5 c_1 d_1) - P.J.(P_4 P_5 d_1) + P.J.(P_3 P_4 c_1)$ $= P.J.(P_3 P_4 c_1 d_1)$ oder allgemein, wenn $OP_4 = n = z$:
$[a=0, a=1, z, z+1] - [n, 0, z+1] + [n-1, 0, z] = [n-1, n, 0, 1]$.

In dem Erhebungsjahr $P_4 P_5$ wird die Hauptgesammtheit

$$P.J.(P_4 c_1 c_2 d_1)$$

geliefert. Die untere Elementargesammtheit $P.J.(c_1 c_2 d_1)$ ergibt sich aus den früheren Daten gleich:

$$P.J.(P_4 c_1 c_2 d_1) - [P.J.(P_4 P_5 c_1 d_1) - P.J.(P_4 P_5 d_1)].$$

Wenn nun schon im zweiten Lebensjahre f_x als constant angesehen werden dürfte, so wäre die quadratische Hauptgesammtheit $P.J.(c_1 d_1 c_2 d_2)$ gleich dem Zweifachen dieser bekannten unteren Elementargesammtheit.

In der dritten Altersclasse darf die gleichmässige Vertheilung der Sterbepunkte, also die Constanz von f_x schon unbedenklich angenommen werden. Man erhält also die betreffende quadratische Hauptgesammtheit, indem man von der gegebenen Gesammtheit $P.J.(c_2 c_3 d_1 d_2)$ die annähernd bestimmte obere Elementargesammtheit $(P.J.(c_2 d_1 d_2)$ abzieht und die Differenz verdoppelt. Und so ist allgemein für die höheren Altersclassen:

$[n-1, n, a, a+1] = 2\,([n-1, n, z+a-1, z+a] - [n, a, z+a-1])$.

Die Annahme in Betreff der zweiten Altersclasse ist indess ungenau. Man denke sich etwa das Quadrat $c_1 d_1 c_2 d_2$ durch Altersgrenzlinien in Monatsstreifen zerlegt, die von der Zeitgrenzlinie $d_1 c_2$ in Trapeze getheilt werden. Setzt man wieder $x' = x - 12$, so ist der Punkteninhalt der trapezförmigen Stücke des x'ten Streifens (von der unteren Altersgrenze $= 1$ Jahr an) resp. gleich $f_{12+x'}\, G_2\, \frac{12 - x' + \frac{1}{2}}{12}$ und $f_{12+x'}\, G_2\, \frac{x' - \frac{1}{2}}{12}$.

Hieraus ergibt sich, wenn der bekannte Punkteninhalt von $c_1\, c_2\, d_1$ gleich P_z gesetzt wird:

$$P.J.(d_1\, c_2\, d_2) = \frac{P_z\, \Sigma f_{12+x'} \left(x' - \frac{1}{2}\right)}{\Sigma f_{12+x'} \left(12 - x' + \frac{1}{2}\right)}$$

$$P.J.(c_1\, c_2\, d_2\, d_1) = \frac{P_z \left(\Sigma f_{12+x'} \left(x' - \frac{1}{2}\right) + \Sigma f_{12+x'} \left(12 - x' + \frac{1}{2}\right)\right)}{\Sigma f_{12+x'} \left(12 - x' + \frac{1}{2}\right)}$$

Die Näherungswerthe der Verhältnisszahlen $f_{12+x'}$ könnte man etwa dem statistischen Material eines anderen Landes entnehmen, das eine im Ganzen ähnliche Kindersterblichkeit aufweisen und die Gestorbenen des zweiten Jahres nach Monatsclassen angeben müsste.

40. Wir haben bisher eine gleichförmige Vertheilung der Geburten in den einzelnen Jahren vorausgesetzt, was der Wirklichkeit nicht genau entspricht. Die oben angegebene Correction der Hermannschen Methode für die höheren Altersclassen, in denen f_x als constant angenommen werden darf, muss daher, streng genommen, noch eine weitere Verbesserung erfahren.

Es werde jedes Geburtsjahr in r gleiche Theile zerlegt, und es sollen in jeder Theilstrecke die Geburten als gleichmässig vertheilt angesehen werden. Uebrigens muss in jedem Theile eine hinlänglich grosse Zahl von Geburtspunkten vorhanden sein, damit die nach der Annahme 2) geforderte Proportionalität vorausgesetzt werden darf.

Die Geburtenzahlen in den Theilstrecken seien von P_2 ab gerechnet $\gamma_1, \gamma_2, \gamma_3$ etc. Wenn nun innerhalb eines der schmalen Längsstreifen wie z. B. $k\,k_1\; i\,i_1$ die Punktenvertheilung zwischen den Altersgrenzen a und $a + 1$ als gleichmässig (also f_x als constant) angesehen werden darf, so findet man ähnlich wie oben:

$$P.J.(b_3\, c_2\, c_3) = \Sigma c\, \gamma_x \left(x - \frac{1}{2}\right)$$

und

$$P.J.(c_2\, c_3\, d_2) = \Sigma c\, \gamma_{r+x} \left(r - x + \frac{1}{2}\right)$$

wo c eine Constante und x alle ganzen Zahlen von 1 bis r durchläuft.

Ist nun die dritte Hauptgesammtheit $P.J.(b_3\, c_2\, c_3\, d_2)$ gegeben und gleich V, so erhält man durch proportionale Zerlegung derselben:

$$P.J.(b_3\, c_2\, c_3) = \frac{V\,\Sigma\gamma_x\left(x-\frac{1}{2}\right)}{\Sigma\gamma_x\left(x-\frac{1}{2}\right)+\Sigma\gamma_{r+x}\left(r-x+\frac{1}{2}\right)}$$

$$P.J.(c_2\, c_3\, d_2) = \frac{V\,\Sigma\gamma_{r+x}\left(r-x+\frac{1}{2}\right)}{\Sigma\gamma_x\left(x-\frac{1}{2}\right)+\Sigma\gamma_{r+x}\left(r-x+\frac{1}{2}\right)} \text{ [1]}$$

Nach der ersten von diesen Formeln lassen sich also wieder die beiden oberen Elementargesammtheiten ausdrücken, deren Differenz die Correction der Hermannschen Methode darstellt.

41. Sind die Verstorbenen nach dem preussischen Muster gruppirt, so könnte man die Näherungswerthe der Elementargesammtheiten der höheren Altersclassen ebenfalls mit Rücksicht auf die Verschiedenheit der Geburtendichtigkeit innerhalb der einzelnen Jahre ableiten.

Das Jahr werde wieder in r gleiche Theile mit den Geburtenzahlen $\gamma_1, \gamma_2 \ldots \gamma_r$ zerlegt. In jedem Längsstreifen des Quadrats $b_1\, b_2\, c_1\, c_2$ seien die Punkte gleichmässig vertheilt, und ihre Zahl im $x$ten Streifen (von der Grenzlinie $P_2\, b_2$ ab gerechnet) gleich $\gamma_x\, a$, wo a eine Constante; ebenso sei der Punkteninhalt des $x$ten Streifens des Quadrats $b_2\, b_3\, c_2\, c_3$ gleich $\gamma_x\, b$, wenn b eine zweite Constante.

Man hat nun als bekannte Summe zweier Elementargesammtheiten:

$$P.J.(b_2\, b_3\, c_1\, c_2) = \Sigma\frac{a}{r}\,\gamma_x\left(x-\frac{1}{2}\right)+\Sigma\,\frac{b}{r}\gamma_x\left(r-x+\frac{1}{2}\right).$$

Stellt man für mehrere andere gegebene Hauptgesammtheiten mit denselben äussersten Altersgrenzen die analogen Gleichungen auf, so findet man entweder die wahrscheinlichsten Werthe von a und b oder man wird sich von der Unzulässigkeit der Voraussetzungen überzeugen.

Selbstverständlich wären Gleichungspaare mit proportionalen γ_x für diese Rechnung unbrauchbar.

Das preussische Material reicht jedenfalls zur genauen Bestimmung der quadratischen Hauptgesammtheit der zweiten Altersclasse nicht aus. Zur Erreichung dieses Zweckes würde es aber genügen, wenn in jedem Erhebungsjahr ausser der vorhandenen Angabe über die Verstorbenen im

---

[1]) Aus diesen Ausdrücken kann man leicht die von Knapp für seine „Anhaltische“ Methode aufgestellte Formel ableiten.

Alter von 0—1 Jahr auch die Zahl der Verstorbenen im Alter von 1—2 Jahr mitgetheilt würde. Diese Combination von zweiten und dritten Hauptgesammtheiten würde dann in den untersten Altersclassen ein vollständiges Aequivalent für die directe Erhebung der Elementargesammtheiten bilden.

---

42. Bei allen bisherigen Erörterungen ist von den Einflüssen abgesehen worden, welche die Aus- und Einwanderung auf die beobachteten Zahlen der Lebenden und Sterbenden ausübt. Diese Störungen aber sind in manchen Ländern so stark, dass sie nothwendig berücksichtigt werden müssen, wenn die Ueberlebens- und Sterbeordnung einer Generation einigermassen genau dargestellt werden soll.

Den Einfluss der Einwanderung könnte man allerdings beseitigen, wenn man über das Absterben der Eingewanderten besonders Buch führte; aber diese Idee ist praktisch wohl nicht durchzuführen; auch wäre ihre Verwirklichung von geringem Nutzen, wenn nicht zugleich das Geschick der Ausgewanderten in derselben Weise verfolgt würde, was vollends unmöglich ist.

Es geht also zunächst hinsichtlich der Ausgewanderten einer Generation ein theoretisch nothwendiges Bestimmungsstück verloren, nämlich die Sterbezeit. Was aber die Eingewanderten betrifft, so sind sie aufzufassen als Rückstände einer Generation von unbekannter Grösse. Es wäre offenbar durchaus falsch, die E_a Einwanderer, welche zu den a-jährigen einer Generation von der ursprünglichen Stärke G hinzutreten, mit den letzteren zusammen auf eine ursprüngliche Generation $G + E_a$ zu beziehen, denn die Sterblichkeitsverhältnisse würden dann von der zufälligen Zahl der Einwanderer abhangen, also gänzlich unbestimmt werden. Vielmehr ist anzunehmen, dass jene E_a von einer Zahl ξE_a Geborener herstammen, von welchen ein Theil vor Erreichung des Alters a gestorben ist.

Hinsichtlich des Werthes von ξ aber bleibt nur die Hypothese übrig, dass die Einwanderer auf eine Generation zu beziehen sind, die sich bis zum Alter a in demselben Verhältniss vermindert hat, wie die ursprünglich gegebene Generation G, dass also $\xi = \frac{G}{L_a}$, wenn L_a die Zahl der $a$jährigen aus der Generation G bezeichnet.

Wenn die Zuziehenden genau im Alter a einträten, so könnte man sich mit der Annahme helfen, dass von der in der $(a+1)$ten Altersstufe beobachteten quadratischen Hauptgesammtheit von Verstorbenen der

Bruchtheil $\frac{E_a}{L_a + E_a}$ auf die Eingewanderten und $\frac{L_a}{L_a + E_a}$ auf die ursprünglich Ansässigen komme. In Wirklichkeit aber findet der Zutritt der Einwanderer nach und nach innerhalb der betrachteten Altersclasse statt, ein Umstand, der abermals zu hypothetischen Annahmen zwingt. Und diese Hypothesen sind um so unsicherer, weil sie meistens auf verhältnissmässig kleine Zahlen angewandt werden müssen.

43. Um die Wanderungen nach unserem Schema zu erörtern, führen wir zwei neue Arten von Punkten ein, nämlich Einwanderungs- und Auswanderungspunkte. Diese Punkte haben als Abscissen die Geburtszeit n_e oder n_a, als Ordinaten das Alter a_e oder a_a der Ein- oder Ausgewanderten. Als drittes Bestimmungsstück hat man die Wanderungszeit z_e oder z_a, und es bestehen zwischen den drei Bestimmungsstücken die Gleichungen $n_e + a_e = z_e$ und $n_a + a_a = z_a$.

Die Wanderungspunkte sind den Sterbepunkten durchaus analog, und alle für die letzteren abgeleiteten Sätze gelten auch für die ersteren, wenn man an die Stelle der Gesammtheiten von Lebenden und Verstorbenen die in gleicher Weise abgegrenzten Gesammtheiten von Ein- oder Auswanderern setzt.

Insbesondere besitzen die von Elementardreiecken (nach einjährigen Strecken) begrenzten Gesammtheiten der Wanderer dieselbe Bedeutung, wie die Elementargesammtheiten der Verstorbenen. Sie umfassen diejenigen, welche aus demselben Geburtsjahr stammend, in derselben einjährigen Altersclasse stehend in demselben Erhebungsjahr ein- oder ausgewandert sind.

Vom Standpunkt der Theorie wäre also auch die erste Forderung, dass die Wanderer in Elementargesammtheiten gruppirt, d. h. nach Altersclasse und Geburtsjahr unterschieden würden, was Becker auch in der mehrerwähnten Abhandlung im Princip vorgeschlagen hat.

Die amtliche Statistik ist jedoch noch weit entfernt davon, diesem Anspruch zu genügen. In den preussischen Publicationen werden nur zwei, in der englischen und der deutschen Reichsstatistik drei Altersabtheilungen unterschieden; in anderen Ländern, wie in Bayern und Oesterreich, ist die Zahl der Stufen zwar etwas grösser, aber wir finden doch immer nur dritte Hauptgesammtheiten mit mehrjährigen Altersabständen. Auch ist es zweifelhaft, ob genauere Angaben sich lohnen würden, da selbst die Gesammtzahl der Wanderer sich einer genauen Bestimmung entzieht. Man muss also zu hypothetischen Annahmen über die Vertheilung der Wanderungspunkte in den Grenzen der gegebenen

Hauptgesammtheiten seine Zuflucht nehmen, wobei es am nächsten liegt, diese Vertheilung als gleichmässig vorauszusetzen. Mit Hülfe dieser Hypothese bestimmt man den Näherungswerth der Elementargesammtheiten, deren man bedarf.

44. Es sei nun eine Elementargesammtheit von a bis $(a+1)$ jährigen Einwanderern (auf die Auswanderer wird sich die folgende Ausführung ohne weiteres ebenfalls anwenden lassen) genau oder näherungsweise gegeben, etwa $P.J._e(c_1\, c_2\, d_1)$ (Fig. 4). Es fragt sich dann, wie viele Sterbepunkte diese Einwanderer in der $(a+1)$ten Altersclasse, also sowohl in dem bezeichneten Elementardreieck als auch in dem Dreieck $c_2\, d_1\, d_2$, welches das erstere zu der Begrenzung einer quadratischen Hauptgesammtheit ergänzt, liefern werden.

Wir denken uns die Einwanderungspunkte gleichmässig über das Dreieck vertheilt und das letztere durch Altersgrenzlinien mit gleichen Abständen in r Streifen zerlegt.

Die Zahl der Ansässigen, welche die untere Altersgrenze a erreichen, sei L_a und die unbekannte erste Hauptgesammtheit, welche aus ihnen in der Altersstufe a bis $a+1$ stirbt, sei α. Dann ist das Sterblichkeitsverhältniss der Ansässigen — wie wir vorläufig noch statt der später einzuführenden Sterbenswahrscheinlichkeit sagen wollen — in der $(a+1)$ten Altersclasse gleich $\varphi = \frac{\alpha}{L_a}$. Wir nehmen nun an, dass die α Sterbenden sich gleichmässig über das betrachtete Quadrat vertheilen (geradlinige Absterbeordnung). Auf jeden der r Streifen kommen folglich $\frac{\alpha}{r}$ und für die Ueberlebenden an der Mittellinie des $x$ten Streifens (von unten gerechnet), die also im Alter $a + \frac{x-\frac{1}{2}}{r}$ stehen, erhält man

$$L_a - \frac{\left(x-\frac{1}{2}\right)\alpha}{r}.$$

Der Bruchtheil irgend einer als Einheit betrachteten Anzahl a-jähriger, der die erwähnte Mittellinie lebend erreicht, ist also

$$\frac{r\,L_a - \left(x-\frac{1}{2}\right)\alpha}{r\,L_a}.$$

Wir machen hier darauf aufmerksam, dass das Verhältniss der Gestorbenen eines Streifens zu den Lebenden an der unteren Grenze desselben, also die Sterbenswahrscheinlichkeit der Letzteren in den Grenzen des Streifens nicht constant ist, sondern mit der Ordnungszahl der Streifen zunimmt.

Dieselben Sterblichkeitsverhältnisse, welche den Ansässigen der $(a+1)$ten Altersclasse zukommen, legen wir nun auch den Einwanderern bei. Die Zahl derjenigen, die im $x$ten Streifen hinzutreten, sei e_x. Ohne merklichen Fehler kann man bei einigermassen grossem r annehmen, dass sie sämmtlich im Alter $a+\frac{x-\frac{1}{2}}{r}$ stehen.

Wenn nun gerade an der Altersgrenze a ein Zuwachs von

$$\frac{e_x\, r\, L_a}{r\, L_a - \left(x-\frac{1}{2}\right) \alpha}$$

eingetreten wäre, so würden diese Einwanderer an der Mittellinie des $x$ten Streifens auf die Zahl e_x reducirt sein, und bis zur oberen Altersgrenze $a+1$ würden von diesen Ueberlebenden noch

$$\frac{e_x\, r\, L_a}{r\, L_a - \left(x-\frac{1}{2}\right) \alpha} \cdot \frac{\left(r-x+\frac{1}{2}\right)\alpha}{r\, L_a}$$

sterben. Wenn also den e_x Einwandernden genau dieselben Sterblichkeitsverhältnisse zukommen sollen, wie den L_a Ansässigen, so müssen sie bis zum Alter $a+1$ ihrerseits $\frac{e_x\left(r-x+\frac{1}{2}\right)\alpha}{r\, L_a - \left(x-\frac{1}{2}\right)\alpha}$ Todesfälle liefern.

Nun sei die dem betrachteten Elementardreieck angehörende Einwandererzahl gleich Δ; wegen der angenommenen gleichmässigen Vertheilung der Einwanderungspunkte verhält sich alsdann die Zahl der Einwanderer im $x$ten Streifen dieses Dreiecks zu Δ, wie der Flächeninhalt des Streifens zu der Dreiecksfläche. Folglich ist

$$e_x = \frac{2\left(r-x+\frac{1}{2}\right)\Delta}{r^2}.$$

Führen wir $\varphi_a = \frac{\alpha}{L_a}$ ein, so ergibt sich also als genäherte Zahl der Gestorbenen, die aus der Elementargesammtheit von Einwanderern in der $(a+1)$ Altersclasse hervorgehen, der Ausdruck

$$\Sigma \frac{2\left(r-x+\frac{1}{2}\right)^2 \varphi_a}{r^2\left(r-(x-\frac{1}{2})\varphi_a\right)} \Delta$$

wenn die Summirung sich auf alle ganzen Werthe von $x=1$ bis $x=r$ bezieht.

Ist φ_a ein kleiner Bruch — und dies trifft zu in den Altersclassen, die sich hauptsächlich an der Wanderung betheiligen — so ist es wohl gestattet in den Nennern der obigen Summanden $\varphi_a\left(x-\frac{1}{2}\right) r^2$ gegen r^3 zu vernachlässigen, wodurch sich die Formel vereinfacht zu

$$\frac{\varphi_a \Delta}{2 r^3} \Sigma (2r-2x+1)^2.$$

Diesen Ausdruck erhält man direct durch die Hypothese, dass die Zahl derjenigen, die aus den Einwanderern des $x$ten Streifens sterben, im zusammengesetzten Verhältniss bestimmt werde 1) durch die Zahl e_x, 2) durch das normale Sterblichkeitsverhältniss φ_a der ganzen Altersclasse und 3) durch den Abstand des Einwanderungsalters von der oberen Altersgrenze $a+1$, also durch den Jahresbruchtheil, während dessen die Eingewanderten in der $(a+1)$ten Altersclasse beobachtet worden sind. Im wesentlichen geht Becker (Oldenb. stat. Nachr. IX, S. 258) von dieser Annahme aus. Sie ist für Näherungsrechnungen zulässig, weicht aber einigermassen von der Voraussetzung ab, dass die Einwanderer genau derselben Mortalität unterliegen, welche der Annahme einer gleichmässigen Vertheilung der Sterbepunkte der Ansässigen entspricht.

Die obige Summe ist die Reihe zweiter Ordnung

$$1^2+3^2+5^2+\ldots(2r-1)^2, \text{ also gleich } \frac{r(2r+1)(2r-1)}{3},$$

ein Ausdruck, der sich bei wachsendem r der Grenze $\frac{4r^3}{3}$ nähert.

Die gesuchte Zahl der Verstorbenen wird also näherungsweise gleich $\frac{2\varphi \Delta_a}{3}$.

45. In ähnlicher Weise ergibt sich als Anzahl derjenigen, die aus der oberen Elementargesammtheit von Einwanderern $P.J._e(c_2 d_1 d_2)$, die wir mit Δ' bezeichnen, in der $(a+1)$ten Altersclasse sterben, der Ausdruck

$$\Sigma \frac{2\left(x-\frac{1}{2}\right)\left(r-x+\frac{1}{2}\right)\varphi_a}{r^2\left(r-\left(x-\frac{1}{2}\right)\varphi_a\right)}\Delta$$

für welchen wir wegen der Kleinheit von φ_a den Näherungswerth

$$\frac{\varphi_a \Delta'}{2 r^3} \Sigma (2x-1)(2r-2x+1)$$

nehmen.

Die Auflösung der Summe ergibt die Reihe

$$1 . (2r-1)+3(2r-3)+5(2r-5) \ldots +(2r-1)[2r-(2r-1)]$$
$$=\frac{r(2r^2+1)}{3}.$$

Bei wachsendem r nähert sich also die gesuchte Zahl der verstorbenen Einwanderer aus der betrachteten oberen Elementargesammtheit in der $(a+1)$ten Altersclasse immer mehr dem Werthe $\frac{\varphi \Delta'}{3}$.

Den Einwanderungspunkten innerhalb des ganzen Quadrats $c_1\, c_2\, d_1\, d_2$ entspricht folglich in denselben Grenzen eine Zahl von ungefähr

$$\varphi_a \frac{2\Delta+\Delta'}{3}$$

Sterbepunkten.

Obwohl das zu Gebote stehende Material nur eine rohe Näherungsbestimmung der Elementargesammtheiten Δ und Δ' gestattet, so bietet der eben aufgestellte Ausdruck doch den Vortheil, dass die oft grosse Verschiedenheit der Wanderung in den beiden Kalenderjahren, denen die quadratische Hauptgesammtheit angehört, einigermassen berücksichtigt werden kann.

Sieht man von dieser Verschiedenheit ab und nimmt in den Grenzen der quadratischen Hauptgesammtheit gleichmässige Vertheilung der Einwanderungspunkte, also $\Delta = \Delta'$ an, so erhält man für die aus derselben herstammenden Verstorbenen der $(a+1)$ten Altersclasse einfach $\frac{\varphi_a Q_a}{2}$, wenn Q_a die quadratische Hauptgesammtheit von Einwanderern bezeichnet.

Es ist jetzt leicht, die Zahl a von Verstorbenen näherungsweise zu bestimmen, welche den L_a ursprünglich Ansässigen in der $(a+1)$ten Altersclasse zuzuschreiben ist. Setzt man nämlich $\frac{2\Delta+\Delta'}{3}=q_a$ und die beobachtete quadratische Hauptgesammtheit von Verstorbenen gleich

α', so ist $\alpha' = \alpha + \varphi_a q_a$, also $\alpha = \frac{\alpha' L_a}{L_a + q_a}$ und $\varphi_a = \frac{\alpha'}{L_a + q_a}$.

Mit dieser Bestimmung von φ_a ist also näherungsweise für jede beliebige Altersclasse die Aufgabe gelöst, das unmittelbar beobachtete Sterblichkeitsverhältniss von dem störenden Einfluss der Einwanderung zu befreien und es so aufzustellen, wie es sich lediglich aus der Sterblichkeit derjenigen ergeben haben würde, welche als Ansässige die untere Grenze der Altersclasse überschritten haben. Ob von diesen eine gewisse Anzahl früher ebenfalls eingewandert ist, kommt hier nicht in Betracht. Uebrigens würde es auch keine Schwierigkeit bieten, falls alle quadratische Hauptgesammtheiten von Einwanderern aus einer Geburtsstrecke gegeben sind, mit Hülfe der obigen Formel die ganze Sterbe- und Ueberlebensordnung der ursprünglich im Lande Geborenen aus derselben Geburtsstrecke näherungsweise zu reconstruiren.

Ganz dieselbe Methode findet auch Anwendung auf die Auswanderer. Von den D Auswanderern, welche in der $(a+1)$ten Altersclasse die Elementargesammtheit $P.J._a(c_1\, c_2\, d_1)$ ausmachen, sterben bis zu der oberen Altersgrenze unter den obigen Näherungsbedingungen $\frac{2\varphi_a D}{3}$, wenn wieder $\varphi_a = \frac{\alpha}{L_a}$ und α diejenigen bezeichnet, welche aus den L_a ursprünglich Ansässigen, sei es im Lande oder ausserhalb desselben in in der $(a+1)$ten Altersclasse sterben. Ferner sterben von den Ausgewanderten der Elementargesammtheit $P.J._a(c_2\, d_1\, d_2)$, die wir mit D' bezeichnen wollen, ungefähr $\frac{\varphi_a D'}{3}$.

Setzt man $\frac{2D + D'}{3} = p_a$ und die beobachtete Zahl der Verstorbenen in den Grenzen des Quadrats $c_1\, c_2\, d_1\, d_2$ gleich α', so ist

$$\alpha = \frac{\alpha' L_a}{L_a - p_a} \text{ und } \varphi_a = \frac{\alpha'}{L_a - p_a}.$$

Im Allgemeinen aber finden Einwanderungen und Auswanderungen gleichzeitig statt. Es ist dann am einfachsten, was auch Becker empfiehlt, nur die Differenz von Zu- und Abzug in den einzelnen Altersclassen in Rechnung zu bringen, also je nachdem der eine oder der andere überwiegt, nur die Mehrzugezogenen als Einwanderer oder nur die Mehrweggezogenen als Auswanderer zu berücksichtigen.

46. Das zweckmässigste Verfahren, um die Werthe von φ für eine vollständige Reihe nebeneinander stehenden Altersclassen unter Be-

rücksichtigung der Wanderungen numerisch zu bestimmen, ist das von Becker (l. c. S. 260) angegebene. In unserer Darstellungsform lässt es sich auf folgende Art ableiten.

Die Volkszählung habe für die Zeit $z = OP'$ als Zahl der Lebenden eines Geschlechts im Alter von a bis $a+1$ Λ_{a+1} ergeben, eine Gesammtheit, die (Fig. 3) durch $P.J.(c_2\, d_2\, \beta'\, \beta'')$ dargestellt sei; die Elementargesammtheiten von Verstorbenen $P.J.(c_2\, d_2\, m)$ und $P.J.(c_2\, d_2\, f)$ seien (genau oder näherungsweise beobachtet) gleich μ_{a+1} und μ'_{a+1} und die Zahl der Mehrzugezogenen in den Grenzen der Elementardreiecke $c_2\, d_2\, m$ und $c_2\, d_2\, f$ seien resp. Δ_a und Δ'_a. Dann ist die Zahl der Lebenden, welche die untere Altersgrenze a ursprünglich erreichten,

$$L_a = \Lambda_{a+1} + \mu_{a+1} - \Delta_a.$$

Es ist zu bemerken, dass unter den μ_{a+1} Verstorbenen auch solche sind, die nicht zu den ursprünglich Ansässigen gehörten, sondern aus den Eingewanderten herstammen. Diese Zahl aber fällt wieder weg, weil sie mit entgegengesetztem Zeichen auch in Δ_a vorkommt, da diese letztere Grösse die ganze untere Elementargesammtheit der Einwanderer mit Einschluss der Gestorbenen darstellt. Setzt man jenen Werth von L_a in den im vorigen Paragraph für φ_a aufgestellten Ausdruck ein, und berücksichtigt, dass $\alpha' = \mu_{a+1} + \mu'_{a+1}$ und $q_a = \frac{2}{3}\Delta + \frac{1}{3}\Delta'$, so ergibt sich für das Sterblichkeitsverhältniss der L_a Ansässigen

$$\varphi_a = \frac{\mu_{a+1} + \mu'_{a+1}}{\Lambda_{a+1} + \mu_{a+1} - \frac{1}{3}(\Delta_a - \Delta'_a)}.$$

Setzt man $\Delta_a = \Delta'_a$, was keinen merklichen Fehler bedingen dürfte, so erhält man einfach $\varphi_a = \dfrac{\alpha'}{\Lambda_{a+1} + \mu_{a+1}}$. Es treten also in dieser Formel nur Beobachtungsdaten über Lebende und Gestorbene auf. Dieselbe gilt auch, wie leicht zu ersehen, für den Fall, dass nicht ein Mehrzuzug, sondern eine Mehrauswanderung $D_a + D_a'$ stattgefunden hat.

Setzt man näherungsweise $\mu_{a+1} = \frac{1}{2}\alpha'$, ersetzt man ferner die quadratische Hauptgesammtheit α' durch die in der Regel wenig von derselben abweichende und direct leicht zu beobachtende dritte Hauptgesammtheit $P.J.(c_2\, d_2\, m\, m_1) = (\alpha)$, und bezeichnet man endlich den Quotienten $\dfrac{(\alpha)}{\Lambda_{a+1}}$ (den Sterblichkeitscoefficienten) mit c_a, so erhält man den Näherungswerth $\varphi_a = \frac{c_a}{1 + \frac{1}{2} c_a}$, der allerdings nur für die der ersten Kindheit nicht mehr angehörenden Altersclassen als hinlänglich genau gelten kann.

Wie sich aus der Reihe der φ die Sterbe- und Ueberlebensordnung einer idealen Generation ableiten lässt, bedarf keiner weiteren Erörterung.

IV. Massen mit mehreren Zustandsänderungen.

47. Die Zustandsänderungen, die wir ausser den Todesfällen nun in den Kreis unserer Betrachtung ziehen, sind die einfachen oder wiederholten Eheschliessungen und Ehelösungen. Eine Erörterung, wie die folgende, würde noch vor wenigen Jahren vielleicht als eine zu weitgehende Ausspinnung eines bloss theoretischen Gedankens erschienen sein, da sie gewisse Daten als gegeben voraussetzt, die damals noch gänzlich im Reich der frommen Wünsche lagen. Mittlerweile aber haben sich der Ehestatistik günstigere Aussichten eröffnet; namentlich gehen die Formulare, welche die Commission für die weitere Ausbildung der Zollvereinsstatistik in Vorschlag gebracht hat, in der Specialisirung des Stoffes so weit, dass durch deren Ausfüllung die theoretisch wünschenswerthe Vollständigkeit des Materials in mehreren Richtungen beinahe erreicht werden würde. [1])

Die Durchführung einer formalen Theorie der Massenänderungen, welche durch die Aenderungen des Familienstandes der Individuen entstehen, dürfte daher jetzt nicht mehr als verfrüht gelten.

Als das zu beobachtende Collectivwesen nehmen wir eine Gesammtheit Gleichalteriger des einen oder des anderen Geschlechtes an, die aus einer gegebenen Geburtsstrecke stammen.

Zunächst beschäftigen wir uns mit zwei Zustandsänderungen, nämlich den ersten Eheschliessungen und den ersten Ehelösungen, letztere entweder durch Tod oder durch Verwittwung entstehend.

Diese Zustandsänderungen denken wir uns in unserem graphischen Schema durch zwei besondere Arten von Punkten, nämlich Trauungspunkte und Lösungspunkte, für alle der Masse angehörende Individuen veranschaulicht.

[1]) Vgl. auch Engel: „Der Einfluss des Gesetzes über die Beurkundung des Personenstandes etc. auf die Statistik ... im preuss. Staate.“ Berlin 1874.

Die Abscissen beider Arten von Punkten sind also die Geburtszeiten der Individuen (n), die Ordinaten der Trauungspunkte sind durch das Trauungsalter (α), die der Lösungspunkte durch das Sterbe- oder Verwittwungsalter (a) gegeben.[1])

Als absolute zeitliche Bestimmungsstücke des Einzelfalles hat man ausser der Geburtszeit noch die Trauungszeit ξ und die Lösungszeit z, als relatives ausser α und a noch die Dauer der Ehe, δ.

Diese sechs Bestimmungsstücke sind in jedem Einzelfalle durch folgende Gleichungen verbunden:

$$1)\ n+\alpha=\xi;\quad 2)\ n+a=z;\quad 3)\ a-\alpha=\delta.$$

48. Die Trauungs- und Lösungspunkte lassen sich in derselben Weise zu Haupt- und Nebengesammtheiten zusammenfassen, wie die Sterbepunkte. Die genaue Bestimmtheit des Einzelfalles aber geht durch die Bildung von Gesammtheiten verloren, und man kann daher aus den Daten, welche eine Gesammtheit bestimmen, die drei obigen Beziehungen zwischen den Bestimmungsstücken der Einzelfälle nicht mehr mit Genauigkeit aufstellen. Der Spielraum der Unbestimmtheit ist wieder am kleinsten in den Elementargesammtheiten, die durch eine der Zeitmaasseinheit gleiche Geburtsstrecke, Altersstrecke und Beobachtungszeitstrecke begrenzt sind. Ist z. B. (Fig. 3) $P.J._t(c_2\, m\, m_1)$ eine solche Elementargesammtheit von Trauungspunkten, so sind die drei Bestimmungsstücke jedes Einzelfalles bis auf eine Maasseinheit bekannt, und man hat statt der Gleichung 1) für jeden Punkt $n+\alpha > \xi' < \xi'+1$, wenn $\xi'=OB'''$.

Ist ferner $P.J._t(g_1\, g_2\, g_3)$ eine Elementargesammtheit von Lösungspunkten, so hat man statt der Gleichung 2) für jeden Punkt derselben: $n+a > z' < z'+1$, wenn $z'=OZ$.

Sondert man aber in der oberen Elementargesammtheit $P.J._t\,(g_1\, g_2\, g_3)$ diejenigen Lösungspunkte aus, die zu Trauungspunkten in dem oberen Elementardreieck $c_2\, m\, m_1$ gehören (also mit den letzteren auf denselben Ordinaten liegen) so ist der Abstand eines zusammengehörenden Punktenpaares, also die Ehedauer, um zwei Einheiten unbestimmt, und man hat, wenn $B'm=\alpha'$, $B'g_1=a'$ und $a'-\alpha'=\delta'$ für die Dauer jeder innerhalb jener Elementardreiecke begrenzten Ehe statt der Gleichung 3) nur die Beziehung: $a-\alpha > \delta'-1 < \delta'+1$.

[1]) Auf jeder, einem Lebenslaufe angehörenden Ordinate kann nur je ein Punkt der beiden Arten vorkommen, trotzdem aber wird bei einer grossen Bevölkerung schon ein schmaler Längsstreifen, der einer kleinen Geburtsstrecke entspricht, zahlreiche Punkte beider Arten in den verschiedensten Abständen von der Geburtenaxe enthalten.

Dieselbe Unbestimmtheit besteht hinsichtlich des Abstandes der sich entsprechenden Lösungs- und Trauungspunkte in den unteren Elementardreiecken $e\,g_1\,g_2$ und $l\,m\,m_1$.

Dagegen sind die Abstände zusammengehöriger Punkte in ungleichnamigen Elementargesammtheiten nur um eine Einheit unbestimmt; für die Abstände z. B. von Punkten aus $P.J._t(c_2\,m\,m_1)$ und $P.J._l(e\,g_1\,g_2)$ hat man $a - \alpha > \delta' - 1 < \delta'$ und für die Abstände von Punktenpaaren aus $P.J._t(l\,m\,m_1)$ und $P.J._l(g_1\,g_2\,g_3)$ ist $a - \alpha > \delta' < \delta' + 1$.

49. Solche Punkte einer Elementargesammtheit, die noch durch eine besondere Beziehung gekennzeichnet sind, wollen wir in ihrer Vereinigung als eine „specielle Elementargesammtheit" bezeichnen.

Es sei nun gegeben die specielle Gesammtheit von Lösungspunkten des oberen Elementardreiecks $g_1\,g_2\,g_3$, welche dadurch charakterisirt sind, dass sie einer Ehedauer von δ' vollen Jahren, d. h. einer Ehe von der $(\delta'+1)$ten Dauerklasse entsprechen, und es werde gefragt, aus welcher Gesammtheit von Trauungspunkten jene Lösungspunkte hervorgegangen sein können.

Man findet die möglichen Grenzen dieser Gesammtheit, indem man von jedem der drei Eckpunkte des gegebenen Elementardreiecks aus um die kleinste und die grösste mögliche Dauerstrecke der Ehe zurückgeht. Man erhält also, wenn $\delta' = m\,g_1$, das Trapez $c_2\,l_1\,l\,m_1$, das aus zwei oberen Elementardreiecken ($l\,l_1\,m$ und $c_2\,m\,m_1$) und einem unteren ($l\,m\,m_1$) zusammengesetzt ist.

Diese drei Elementardreiecke gehören zu zwei Trauungsjahren und zu zwei Altersclassen der Getrauten.

Die gelösten Ehen der obigen Specialgesammtheit lassen sich also durch Angabe der Dauerklasse noch keineswegs auf eine einzige Elementargesammtheit von Trauungen zurückführen, sondern es sind zu diesem Zweck noch nähere Specialisirungen nöthig, z. B. die, dass die zugehörigen Trauungspunkte in einer unteren Elementargesammtheit liegen sollen — in welchem Falle sie nur in $l\,m\,m_1$ liegen können, — oder dass die Trauungen nach dem Zeitpunkt ξ' ($= OB'''$) erfolgt seien — wodurch das Dreieck $c_2\,m\,m_1$ bestimmt wäre — oder dass sie vor dem Alter α' ($= B'm$) vollzogen seien — welche Bedingung nur für den Punkteninhalt von $l\,l_1\,m$ zutrifft.

Ebenso findet man, dass die Specialgesammtheit von Lösungspunkten des unteren Elementardreiecks $e\,g_1\,g_2$, welche durch dieselbe Ehedauer bestimmt ist, wie oben, ihre zugehörigen Trauungspunkte in dem Trapeze

$l_1 m m_1 m_2$ haben, das wiederum aus drei Elementardreiecken, zwei unteren ($l m m_1$ und $l l_1 m_2$) und einem oberen ($l l_1 m$) besteht.

Zwei von diesen Elementargesammtheiten, nämlich diejenigen, welche zusammen die zweite Hauptgesammtheit $P.J._t(l l_1 m m_1)$ bilden, können auch Lösungspunkte für die vorher betrachtete Specialgesammtheit in dem oberen Elementardreieck $g_1 g_2 g_3$ liefern.

Vereinigt man nun die specielle obere mit der speciellen unteren Elementargesammtheit von Lösungspunkten, so erhält man die specielle erste (quadratische) Hauptgesammtheit von Lösungspunkten

$$P.J._l^{\delta}(e g_1 g_2 g_3)$$

(wenn durch den Index δ die Specialisirung angedeutet wird); und diese Lösungspunkte gehören also zu der zwei Altersclassen umfassenden ersten Hauptgesammtheit von Getrauten $P.J._t(c_2 l_1 m_2 m_1)$, jedoch in der Art, dass die Elementargesammtheiten dieser letzteren sich hinsichtlich der möglichen Beziehungen zu jenen Lösungspunkten verschieden verhalten. Denn aus zweien derselben können Lösungspunkte in beiden Elementardreiecken des Quadrats $e g_1 g_2 g_3$ hervorgehen, während die beiden anderen solche Punkte nur entweder für das obere oder für das untere Elementardreieck liefern können.

Erinnert man sich, dass z. B. die Jahresstrecke $\mathfrak{z}'$ bis $\mathfrak{z}'+1$ nach dem gewöhnlichen Sprachgebrauch als Kalenderjahr $\mathfrak{z}'+1$ bezeichnet wird, so folgt aus dem Obigen: Die specielle erste Hauptgesammtheit von gelösten Ehen mit der Dauer δ' bis $\delta'+1$, die dem Kalenderjahr $z'-a'$ als Geburtsstrecke und der Altersclasse a' bis $a'+1$ entspricht, findet ihre zugehörigen Trauungen wahrscheinlich zum grössten Theil in dem Kalenderjahre $\mathfrak{z}'$ oder $z'-\delta'$, und zu kleineren Theilen in den Kalenderjahren $\mathfrak{z}'-1$ und $\mathfrak{z}'+1$.

Wir fügen hier gleich bei, was unten (§ 59) nachgewiesen werden soll, dass unter einer naheliegenden Hypothese der Antheil des Kalenderjahrs $\mathfrak{z}'$ gleich zwei Dritteln und die Antheile der Kalenderjahre $\mathfrak{z}'-1$ und $\mathfrak{z}'+1$ gleich je einem Sechstel der gegebenen Zahl von Lösungspunkten sein würde.

Wären also z. B. die Ehen von 1200 Männern, die 1830 geboren sind und der 41. Altersclasse angehören, in der 11. Dauerklasse (von vollen 10 bis ausschliesslich 11 vollen Jahren) aufgelöst worden, sei es durch Tod oder durch Verwittwung der Betreffenden, so würde von diesen Ehen unter jener Hypothese ungefähr 800 im Jahre 1860 und ungefähr je 200 in den Jahren 1859 und 1861 geschlossen worden sein. Die Lösung der Ehen fällt in die Kalenderjahre 1870 und 1871.

50. Ganz in derselben Weise kann man die Frage beantworten, wo die Lösungspunkte liegen können, die aus einer quadratischen Hauptgesammtheit von Trauungspunkten, z. B. $P.J._t(l m l_2 m_2)$, in der $(\delta'+1)$ten Dauerklasse der Ehe hervorgehen. Man bestimmt wieder für jede Elementargesammtheit die trapezförmige Umgrenzung in der sich die gesuchten Lösungspunkte befinden können, vereinigt die beiden Ergebnisse und erhält somit (wenn $\delta' = m g_1$) die einer ersten Hauptgesammtheit angehörende Umgrenzung $c_1 d_1 g_2 g_3$, in der aber die beiden Elementardreiecke $e g_1 g_2$ und $c_1 e g_1$, weil jedes aus beiden Elementargesammtheiten der Getrauten Lösungspunkte erhalten kann, wahrscheinlich stärker besetzt sind, als die beiden anderen.

Es fallen also die gesuchten Lösungspunkte wahrscheinlich grösstentheils — und zwar, wie wir später sehen werden, unter einer bestimmten Voraussetzung etwa zu zwei Dritteln in das Kalenderjahr $n' + \alpha' + \delta'$ (wenn $n' = OB'$, $\alpha = B'm$), und zu je einem Sechstel in die Kalenderjahre $n' + \alpha' + \delta' - 1$ und $n' + \alpha' + \delta' + 1$.

Auf ähnlichem Wege findet man die Umgrenzung der Trauungspunkte, die zu einer speciellen zweiten Hauptgesammtheit gelöster Ehen der $(\delta'+1)$ten Dauerklasse gehören. So entspricht der speciellen Gesammtheit $P.J.{}^{\delta}_{l}(g_1 g_2 g_3 g_4)$ die Umgrenzung $c_2 d_1 l l_1$, aber die gesuchten Trauungspunkte finden sich wahrscheinlich in den Elementardreiecken $c_2 m m_1$ und $l m m_1$ in verhältnissmässig grösserer (ungefähr doppelt so grosser) Zahl, als in den Elementardreiecken $c_2 d_1 m_1$ und $l l_1 m_1$.

Ist also z. B. eine gegebene Anzahl Ehen von Männern, die dem Geburtsjahre 1830 angehören im Kalenderjahre 1871 in der 11. Dauerklasse gelöst worden, so fallen die zugehörigen Trauungen in die Jahre 1860 und 1861, und zwar kommen ungefähr zwei Drittel auf die 31. und je ein Sechstel auf die 30. und 32. Altersclasse.

Umgekehrt liegen die Lösungspunkte einer zweiten Hauptgesammtheit von Trauungen, wie $P.J._t(l l_1 m m_1)$ nach einer Ehedauer von δ' bis $\delta'+1$ Jahren, wenn $\delta' = m g_1$, in der Umgrenzung $c_1 e g_3 g_4$, und wahrscheinlich mit ungefähr doppelt so grosser Dichtigkeit in den Elementardreiecken $c g_1 g_2$ und $g_1 g_2 g_3$, als in den beiden anderen.

Ist endlich eine specielle dritte Hauptgesammtheit von Lösungspunkten mit einer Ehedauer der $(\delta'+1)$. Classe gegeben, z. B. $P.J.{}^{\delta}_{l}(c e_1 g_1 g_2)$, so liegen die zugehörigen Trauungspunkte (wenn δ' wieder $= m g_1$) in der Umgrenzung $l_1 m m_1 l_2 m_3 m_2$, und sie gehören zu zwei Trauungsjahren und zwei Altersclassen.

Umgekehrt fallen aus der dritten Hauptgesammtheit von Trauungen $P.J._t(l\,l_1\,m_2\,m_3)$ die Lösungspunkte nach einer Ehedauer der $(\delta+1)$ten Classe in die Umgrenzung $c_1\,d_1\,g\,e_1\,g_2\,g_1$.

Die im Obigen entwickelten Beziehungen gelten selbstverständlich allgemein für die Abstände von Punkten, die in den Grenzen verschiedener Elementar- oder Hauptgesammtheiten verbreitet sind, namentlich also auch für die Abstände der durch Verwittwung entstehenden Lösungspunkte von den Punkten der zweiten Trauungen, für die Abstände der letzteren von den Punkten der zweiten Ehelösung u. s. w.

51. Die vollständige Zerlegung eines ehestatistischen Materials nach den sechs Bestimmungsstücken, welche bei der Beschränkung der Untersuchung auf einmalige Trauung und Ehelösung in Betracht kommen, ergibt sich ohne Schwierigkeit mit Hülfe der Fig. 5.

Es sei wieder ON die Geburtenaxe, $O\Omega$ die darauf senkrechte Altersaxe und Ω die äusserste Altersgrenzlinie. Ferner sei HH_1 die Grenzlinie des niedrigsten Trauungsalters für das männliche oder das weibliche Geschlecht. In der Ebene $H\,H_1\,\Omega\,X$ denken wir uns die (ersten) Trauungspunkte für ein Geschlecht eingetragen und nach Elementargesammtheiten gruppirt, deren Grenzen in einem Theile der Figur angedeutet sind. Nach der Trauung aber zählen wir das Alter der Getrauten nicht mehr, wie vorher, auf einer Parallelen zur Altersaxe weiter, sondern auf einer Senkrechten zur Grundfläche, die man sich in dem betreffenden Trauungspunkt errichtet denkt. Auf diesen Senkrechten werden die Lösungspunkte bezeichnet, die sich also in einem Raume von leicht zu bestimmenden Grenzen verbreiten.[1] Kein Lösungspunkt kann sich senkrecht von der Grundfläche weiter entfernen, als der zugehörige Trauungspunkt von der äussersten Altersgrenze absteht; der dem Trauungspunkt c entsprechende Lösungspunkt z. B. muss jedenfalls in der Strecke $c\,b_1 = c\,D_1$ liegen. Die eine Grenzfläche des Raumes ist also die unter 45° gegen die Grundfläche geneigte Ebene $A\,A_1\,\Omega\,X$; die andere ist die in der Grenzlinie des niedrigsten Trauungsalters zur Grundfläche senkrecht gestellte Ebene $H\,A\,A_1\,H_1$. Die Lösungspunkte liegen also in einem prismatischen Raume, dessen Querschnitte gleichschenkelige rechtwinkliche Dreiecke sind, wie z. B. $d\,D_1\,E_1$.

---

[1]) Auf jeder Senkrechten liegt nur ein Lösungspunkt; bei einer grossen Bevölkerung werden jedoch schon Trauungsgesammtheiten, die von kleinen Zeitstrecken begrenzt sind, zahlreiche Lösungspunkte in den verschiedensten Abständen von der Grundebene liefern.

Der gesammte Punkteninhalt dieses Raumes ist gleich der Zahl der Trauungspunkte in der Grundebene.

Dieser Raum ist nun nach den absoluten Bestimmungsstücken: Geburtszeit, Trauungszeit, Lösungszeit, und den relativen: Trauungsalter, Lösungsalter und Ehedauer zu zerlegen.

Zunächst hat man drei Arten von Schnittflächen, die senkrecht auf der Grundebene stehen und gegeben sind durch die Gleichungen

$$1)\ n = \text{const.} \quad 2)\ \alpha = \text{const.} \quad 3)\ n + \alpha = \text{const.}$$

wenn n wieder die Geburtscoordinate und α die nach der Axe $O\Omega$ genommene (Trauungs-) Alterscoordinate bedeutet.

Durch Schnitte der ersten Art entstehen gleichschenkelige rechtwinkelige Dreiecke, wie dD_1E_1 und $eE\Pi$; der Punkteninhalt des von ihnen abgeschlossenen Prismas ist gleich der Gesammtzahl derjenigen (Männer oder Frauen), die, in der Strecke p_2D geboren, überhaupt (zum ersten Male) geheirathet haben.

Ein Stück einer Schnittfläche der zweiten Art ist B_1Cb_1c; der Punkteninhalt des in der Figur vor dieser Fläche liegenden Stückes des Prismas ist gleich der Zahl derjenigen, die in der Strecke OD geboren vor dem Alter OC geheirathet haben, der Punkteninhalt des hinteren Stückes aber ist gleich der Zahl der in höherem Alter vollzogenen Trauungen derselben Generation.

Durch Schnitte der dritten Art endlich entstehen Dreiecke wie $dE_1\Pi$; eine solche Fläche scheidet die Lösungspunkte der Ehen, die vor der Zeit OP geschlossen sind, von denen der später entstandenen.

Denkt man sich ein System von Schnitten dieser drei Arten mit je einjährigen Abständen, so ergeben die Spuren derselben auf der Grundebene wieder die Grenzen der Elementargesammtheiten der Trauungspunkte, und die Zahl der letzteren in jedem Elementardreieck ist gleich der Zahl der Lösungspunkte, die sich in dem oben schief abgeschnittenen Elementarprisma befinden, das auf dem Dreieck als Grundfläche steht.

So lange man also nur mit Schnitten dieser drei Gattungen zu operiren hat, wird es rathsam sein, die stereometrische Construction zu vermeiden und das früher benutzte einfachere Schema beizubehalten.

52. Zwei andere Arten von Schnittflächen stehen senkrecht auf der Ebene $AH\Omega$ und werden durch die Gleichungen

$$4)\ \delta = \text{const.} \quad 5)\ \alpha + \delta = \text{const.}$$

dargestellt, wenn δ die der Axe OZ parallele Coordinate der Ehedauer bezeichnet. Begrenzt man das Prisma rechts durch den Querschnitt (Schnitt erster Art) dD_1E_1, so hat man als Beispiel der vierten Art die der Grundebene parallele Ebene $B B_1 b b_1$; dieselbe trennt die Lösungspunkte von einander, welche einestheils einer grösseren und anderntheils einer kleineren Ehedauer entsprechen, als $\delta = HB$.

Zwei Flächen dieser Art im Abstande von einem Jahre bestimmen also eine „Dauerklasse" der Ehe, indem die zwischen ihnen in dem begrenzten Prisma liegenden Punkte gleich sind der Zahl der Ehen, die zu der Generation OD gehörend und in allen möglichen Trauungsaltern geschlossen, nach einer Dauer von δ bis $\delta + 1$ Jahren aufgelöst worden sind.

Ein Beispiel der fünften Art von Schnittflächen ist in dem wie oben begrenzten Prisma die Ebene $B C_1 b c_1$, die der Ebene $A \Omega A_1 X$ parallel liegt und mit der Grundebene einen Winkel von 45 Grad bildet. Sie scheidet die Lösungspunkte nach dem Alter, in dem die Individuen eines Geschlechts aus der Geburtsstrecke OD im Augenblick der Lösung standen: die Lösungspunkte, welche einem niedrigeren Alter, als $D c_1 = D d + d b$ entsprechen, liegen diesseits, die anderen jenseits der Fläche.

Zwei Schnitte der fünften Art im Abstande von einem Jahre (auf der Axe $O\Omega$ gemessen) bestimmen in dem begrenzten Prisma einen Punkteninhalt, der gleich ist der Zahl der Verheiratheten aus der Geburtsstrecke OD, die in der Altersclasse $\alpha + \delta$ bis $\alpha + \delta + 1$ gestorben oder verwittwet sind.

Endlich ist noch eine sechste Art von schneidenden Ebenen anzuführen, deren Gleichung die Form hat:

$$6)\ n + \alpha + \delta = \text{const.}$$

Eine Ebene dieser Art schneidet die drei Coordinatenaxen in gleichen Abständen vom Anfangspunkte O, und ihre Spuren auf den drei Coordinatenebenen bilden mit je zwei Axen gleichschenkelige rechtwinkelige Dreiecke. Innerhalb des Prismas entstehen durch solche Schnitte Dreiecke wie $d E \Pi$. Alle Lösungspunkte, die genau in dieser Dreiecksfläche lägen,[1] würden der constanten Lösungszeit $n + \alpha + \delta$ oder OP entsprechen. Die Ebene scheidet also diejenigen Ehelösungen, die vor der Zeit OP erfolgt sind, von den später eingetretenen.

Der Punkteninhalt der Pyramide $d E E_1 \Pi$ ist also gleich der Zahl aller (ersten) Ehen, die zu der Zeit OP zusammen bestehen.

Zwei Schnittflächen der sechsten Art mit einem Abstande x (auf einer Axe gemessen) schliessen innerhalb des Prismas einen Punkteninhalt ein,

[1]) Da die schneidenden Ebenen, ebenso wie in dem früheren Schema die Grenzlinien, im mathematischen Sinne zu nehmen sind, so kann man in der Praxis von der Möglichkeit, dass ein Trauungs- oder sonstiger Punkt mathematisch genau in eine Grenzfläche oder Grenzlinie falle, ohne Bedenken absehen.

der gleich ist der Zahl der Ehen, die zwischen den entsprechenden Beobachtungszeiten z' und $z'+x$ gelöst worden sind, also mit Einschluss derjenigen, die in dieser Zeitstrecke sowohl geschlossen wie aufgelöst worden sind.

53. Durch Combination der verschiedenen Systeme von Schnitten in Abständen von je einer Jahresstrecke erhält man nun mannichfaltige Arten von Gesammtheiten bestehender oder gelöster Ehen.

Die Schnitte der drei ersten Art ergeben dreiseitige, oben schräg abgeschnittene Prismen (Prismoide) deren Grundflächen die in der ursprünglichen Punktenebene liegenden Elementardreiecke der Trauungen sind.

Je zwei solcher Prismoiden, die derselben Geburtsstrecke und derselben Classe des Trauungsalters entsprechen, bilden ein oben abgeschnittenes Parallelopipedon auf quadratischer Grundfläche.

Diese „quadratischen Prismen", wie wir der Kürze wegen sagen wollen, deren Punkteninhalt gleich ist der quadratischen Hauptgesammtheit von Trauungspunkten in ihrer Grundfläche, werden nun durch die Combinationen der verschiedenen Schnitte in Elementarpyramiden zerlegt, welche die Elementargesammtheiten der Lösungspunkte begrenzen.

Zur besseren Uebersicht dieser Beziehungen betrachten wir ein Stück eines solchen Prismas in vergrösserter Zeichnung (Fig. 6). Die Linien $P_1 r_1$ und $P_2 r_2$ sind Geburtsgrenzlinien in der ursprünglichen Punktenebene mit einjährigem Abstande, $v_1 v_2$ und $r_1 r_2$ sind Altersgrenzlinien, einer Altersclasse der Getrauten entsprechend, und die Linie $v_2 r_1$ stellt eine Grenzlinie der Trauungszeit dar.

Wird nun das Prisma in Abständen von je einer Jahresstrecke durch Schnitte vierter Art zerlegt, so entstehen Würfel, die durch die diagonalen Schnitte dritter Art, nach $v_2 r_1$, in dreiseitige Prismen getheilt werden.

Ist $v_1 p_1 = \delta$ und $P_1 v_1 = \alpha$, so ist der Punkteninhalt des Würfels $m_1 m_2 o_1 o_2 p_1 p_2 q_1 q_2$ gleich der Zahl der Ehen, die, zu dem Geburtsjahre $P_1 P_2$ und der Trauungsaltersclasse α bis $\alpha+1$ gehörend, nach einer Dauer von δ bis $\delta+1$ Jahren gelöst worden sind. Durch die Diagonalebenen $p_2 q_1 o_1 m_2$ wird diese Gesammtheit von Ehen zerlegt in diejenigen, die vor der Trauungszeit $\xi = n+\alpha+1$, oder im Kalenderjahre $n+\alpha+1$, und in diejenigen, die nach dieser Zeit, oder im Kalenderjahre $n+\alpha+2$, geschlossen worden sind, wenn n den Abstand des Punktes P_1 vom Anfangspunkt der Zeitrechnung bezeichnet.

Wäre der Punkteninhalt aller Würfel des quadratischen Prismas gegeben, so hätte man die Lösungsordnung der Ehen, die zu der quadratischen Trauungsgesammtheit $v_1\, v_2\, r_1\, r_2$ gehören.

Daraus würde sich zugleich Ordnung der Ehedauer ergeben; denn der Punkteninhalt des Stückes des Prismas, welches oberhalb der dem Abstande δ entsprechenden Horizontalebene liegt, ist gleich der Zahl der Verehelichten aus der quadratischen Trauungsgesammtheit, welche als solche nach einer Ehedauer von δ Jahren noch vorhanden sind. Diese Uebrigbleibenden am Anfange der $(\delta+1)$ten Dauerklasse sind nicht gleichalterig, sondern stehen in der Altersclasse $\alpha+\delta$ bis $\alpha+1+\delta$.

Dieselbe Unbestimmtheit des Alters besteht auch für die Gesammtheiten, welche durch die diagonale Zerschneidung des Würfels gebildet werden, also den Elementargesammtheiten der Trauungen entsprechen.

Das Lösungsalter innerhalb eines Würfels sowohl wie der dreiseitig prismatischen Hälfte desselben kann Differenzen von zwei Einheiten aufweisen: das Minimum ist $\alpha+\delta$, das Maximum $\alpha+1+\delta+1$.

54. Das quadratische Prisma werde ferner durch Schnitte fünfter Art, wie $p_1\, p_2\, l_1\, l_2$ und $m_1\, m_2\, q_1\, q_2$ zerlegt. Man erhält dadurch zu unterst ein dreiseitiges Prisma und darüber eine Reihe von Parallelopipeden, wie $p_1\, p_2\, l_1\, l_2\, m_1\, m_2\, q_1\, q_2$. Der Punkteninhalt dieses Parallelopipedons ist gleich der Zahl der Verehelichten, die, der quadratischen Trauungsgesammtheit $P.J._t(v_1\, v_2\, r_1\, r_2)$ angehörend, in der Altersclasse $\alpha+\delta$ bis $\alpha+\delta+1$ als solche aufhören zu existiren, d. h. sterben oder verwittwen.

Der Punkteninhalt des Prismas oberhalb des dem Alter $\alpha+\delta$ entsprechenden Schnittes ist also gleich der Zahl der Verehelichten aus der betreffenden quadratischen Trauungsgesammtheit, welche das Alter $\alpha+\delta$ als solche erreichen.

Die Dauer dieser noch bestehenden Ehen, gleichviel ob sie aus einer oberen oder einer unteren Elementargesammtheit von Trauungen stammen, beträgt $\delta-1$ bis δ Jahre. Dagegen kann die Dauer der Ehen, deren Lösungspunkte in dem angegebenen Parallelopipedon liegen, sich um zwei Einheiten unterscheiden, denn das Minimum derselben ist $\delta-1$, das Maximum $\delta+1$.

Diese Unbestimmtheit wird vermindert, wenn die Punkteninhalte der Hälften des Parallelopipedons gegeben sind, in welche dasselbe durch die Horizontalschnitte (vierter Art) zerlegt wird.

Innerhalb des Prismas $m_1\, m_2\, p_1\, p_2\, q_1\, q_2$ z. B. bewegt sich die Dauer der gelösten Ehen nur zwischen den Grenzen δ bis $\delta+1$.

Dieses Prisma ist aber auch eine Hälfte des im vorigen Paragraphen betrachteten Würfels. Der Schnitt fünfter Art trennt also innerhalb des letztern diejenigen Lösungspunkte, welche in der Dauerklasse δ bis $\delta+1$ vor Erreichung der Altersclasse $\alpha+\delta$ bis $\alpha+\delta+1$ entstanden sind, von denjenigen, die der nächsthöheren Altersclasse angehören.

Die Punkteninhalte dieser Prismen sind also als nähere Bestandtheile sowohl der kubischen wie der parallelopipedischen Gesammtheiten zu betrachten. Sie unterscheiden sich nach ihrer Lage zu dem Schnitt fünfter Art in obere und untere „prismatische Gesammtheiten" wie wir uns der Kürze wegen ausdrücken wollen.

Das eben bezeichnete Prisma umschliesst eine untere Gesammtheit, in welcher der Diagonalschnitt (fünfter Art) dem Maximalalter entspricht; das Prisma $m_1\, m_2\, o_1\, o_2\, q_1\, q_2$ aber begrenzt eine obere Gesammtheit, in welcher die Diagonalebene das Minimalalter bestimmt.

55. Aber auch innerhalb dieser Elementarprismen sind noch keineswegs alle Bestimmungsstücke der einzelnen Lösungsfälle bis auf einen Spielraum von einer Einheit fixirt. Zunächst können die Lösungspunkte noch zwei verschiedenen Trauungsjahren entsprechen. Der diagonale Schnitt dritter Art $p_2\, q_2\, m_2\, o_1$ sondert in jedem Prisma diese beiden Gruppen von einander, und zwar erhält man als Begrenzung derselben je eine dreiseitige und eine vierseitige Pyramide.

Innerhalb der beiden dreiseitigen Pyramiden $m_2\, p_2\, q_1\, q_2$ und $m_1\, m_2\, o_1\, q_1$ sind nun alle Bestimmungsstücke der Einzelfälle bis auf eine Einheit genau gegeben, d. h. die Einzelfälle der Ehelösungen gehören sämmtlich zu einem Geburtsjahr, zu einem Trauungsjahr, zu einem Lösungsjahr, zu einer Klasse des Trauungsalters, der Ehedauer und des Lösungsalters.

In den vierseitigen Pyramiden $p_1\, p_2\, m_1\, m_2\, q_1$ und $o_1\, o_2\, q_1\, q_2\, m_2$ dagegen besteht noch eine Unbestimmtheit von zwei Einheiten hinsichtlich des Lösungsjahres.

Die Lösungsjahre werden nämlich (§ 52) durch Schnitte sechster Art unterschieden. Innerhalb unseres quadratischen Prisma's bilden diese Schnitte Parallelogramme wie $m_1\, p_2\, l_2\, q_1$, und in dem Würfel mit der Diagonale $q_1\, m_2$ erscheinen sie als die Dreiecke $m_1\, p_2\, q_1$ und $m_2\, o_1\, q_2$. Alle Lösungspunkte, die zwischen diesen beiden Dreiecksflächen liegen, stammen aus der Beobachtungszeit $n+\alpha+\delta+1$ bis $n+\alpha+\delta+2$. Der unterhalb der Dreiecksfläche $m_1\, p_2\, q_1$ in der dreiseitigen Pyramide $m_1\, p_2\, q_1\, p_1$ liegende Punkteninhalt aber gehört zu der Lösungsstrecke $n+\alpha+\delta$ bis $n+\alpha+\delta+1$, und der Punkteninhalt der dreiseitigen Pyramide oberhalb der Dreiecksfläche $m_2\, o_1\, q_2$ gehört zu der Lösungsstrecke $n+\alpha+\delta+2$ bis $n+\alpha+\delta+3$.

Die Punkte der vierseitigen Pyramiden $p_1\, p_2\, m_1\, m_2\, q_1$ und $o_1\, o_2\, q_1\, q_2\, m_2$ fallen also in der That in je **zwei** verschiedene Lösungsjahre. Die Dreiecksflächen $m_1\, p_2\, q_1$ und $m_2\, o_1\, q_2$ aber zerlegen jene Pyramiden in je zwei **dreiseitige**, nämlich $m_1\, p_1\, p_2\, q_1$, $m_1\, m_2\, p_2\, q_1$ und $o_1\, o_2\, q_2\, m_2$, $o_1\, q_1\, q_2\, m_2$, von denen jede nur Punkte aus gleichem Lösungsjahre enthält, wie es auch bei den oben erwähnten dreiseitigen Pyramiden $m_2\, p_2\, q_1\, q_2$ und $m_1\, m_2\, o_1\, q_1$ der Fall ist.

56. So zerfällt also der betrachtete Würfel in sechs dreiseitige Pyramiden von gleichem Kubikinhalt. Innerhalb einer jeden derselben können sich die Lösungspunkte in ihren **sämmtlichen** sechs Bestimmungsstücken höchstens um eine Einheit unterscheiden, während die Punkte aus zwei verschiedenen Pyramiden wenigstens für ein Paar gleichnamiger Bestimmungsstücke eine Differenz von zwei Einheiten zulassen.

Man hat demnach nicht weniger als **sechs** verschiedene Elementargesammtheiten von Lösungspunkten. In denselben ist von der Bestimmtheit des Urmaterials möglichst wenig verloren gegangen, indem alle Bestimmungsstücke der Einzelfälle bis auf eine Einheit genau bekannt bleiben.

Es ist leicht zu sehen, dass sich der Punkteninhalt jedes beliebigen, nach ganzen Einheiten abgemessenen und durch eine Combination der zulässigen Schnitte entstehenden Stückes des Hauptprismas aus solchen Elementargesammtheiten zusammensetzen lässt.

Nennen wir eine Jahresdifferenz der einzelnen Bestimmungsstücke eine Bestimmungsstrecke, so entstehen die pyramidischen Elementargesammtheiten durch Zusammenfassung der Punkte, für welche **fünf** Arten von Bestimmungsstrecken gleich sind; die sechste ist dann ohne weiteres ebenfalls für alle diese Punkte gleich. Aber jene Gruppen von fünf Bestimmungsstrecken und die sechste, die von ihnen abhängt, sind für je drei Paare von Elementarpyramiden verschieden.

Die Pyramidengesammtheiten

$$P.J.(m_2\, p_2\, q_1\, q_2) \text{ und } P.J.(m_1\, m_2\, o_1\, q_1)$$

sind nämlich, jede für sich, bestimmt durch Gleichheit des Geburtsjahrs, des Trauungsjahrs, der Trauungsaltersclasse, der Dauerclasse der Ehe und der Classe des **Lösungsalters**; das **Jahr** der Ehelösung ist durch diese Daten mittelbar fixirt.

Die Pyramidengesammtheiten

$$P.J.(m_1\, p_1\, p_2\, q_1) \text{ und } P.J.(m_2\, o_1\, o_2\, q_2)$$

sind, jede für sich, bestimmt durch Gleichheit des Geburtsjahrs, des Trauungsjahrs, der Trauungsaltersclasse, der Dauerclasse der Ehe und des

Jahrs der Lösung; die Classe des Lösungsalters ergibt sich mittelbar aus diesen Bestimmungen.

Die Pyramidengesammtheiten

$$P.J.(m_1\, m_2\, p_2\, q_1) \text{ und } P.J.(m_2\, o_1\, q_1\, q_2)$$

sind bestimmt durch Gleichheit des Geburtsjahrs, des Trauungsjahrs, der Trauungsaltersclasse, der Classe des Lösungsalters und des Jahrs der Lösung; die Dauerclasse ist hieraus mittelbar für jede der beiden Gesammtheiten gegeben.

Obwohl also zur Feststellung der einzelnen Elementargesammtheiten von Lösungspunkten fünf Bestimmungsstrecken ausreichen, so muss doch, wenn alle Elementargesammtheiten abgegrenzt werden sollen, das Urmaterial nach sämmtlichen sechs Bestimmungsstrecken unterschieden sein.

57. Die Zerlegung des Urmaterials wäre also nach folgendem Schema vorzunehmen:

1) $(n+1)$

2) $(\alpha+1)$.

3) $\xi = (n+\alpha+1)$ $\qquad$ $\xi' = (n+\alpha+2)$

4) $(\delta+1)$. $\qquad$ $(\delta+1)$.

5) $(\alpha+\delta+1)$. $(\alpha+\delta+2)$. $\qquad$ $(\alpha+\delta+1)$. $(\alpha+\delta+2)$.

6) $(z+1)$ $(z+2)$ $(z+2)$ $\qquad$ $(z+2)$ $(z+2)$ $(z+3)$

In der ersten Zeile ist das Kalenderjahr der Geburt angegeben (die Zeitstrecke n bis $n+1$); in der zweiten die Altersclasse (α bis $\alpha+1$) der Getrauten aus jener Geburtsstrecke, die gesondert betrachtet werden soll; in der dritten finden sich die beiden Kalenderjahre, nach denen diese Trauungen zu zerlegen sind (untere und obere Elementargesammtheit von Trauungen); in der vierten Zeile ist die Classe der Ehedauer (δ bis $\delta+1$) bestimmt; in der fünften finden wir die beiden Classen des Lösungsalters, die innerhalb jener Dauerklase vorkommen; in der sechsten endlich die Kalenderjahre, in denen die Ehelösungen aus den vorerwähnten Altersclassen eintreten, und zwar ist hier $z = n + \alpha + \delta$.

Es ist nun freilich nicht zu erwarten, dass eine solche Gruppirung von der praktischen Statistik durchgeführt werden könnte. Die weitgehende Spaltung des Materials würde, wenn es sich um grosse Bevölkerungen handelte, eine kaum zu bewältigende Arbeit verursachen; bei kleinen Bevölkerungen aber würden die einzelnen Elementargesammtheiten nur äusserst schwach oder theilweise gar nicht besetzt erscheinen, und dadurch das allgemeinere Interesse der Operation verloren gehen.

Aber es ist auch nicht der Zweck der obigen Darstellung, die wirkliche Erhebung der Elementargesammtheiten der gelösten Ehen zu veranlassen, sondern sie will nur die Mittel bieten, die innere Structur und die gegenseitigen Beziehungen derjenigen Gesammtheiten von Ehelösungen zu erkennen, die von der Praxis wirklich bestimmt werden oder ohne übermässige Schwierigkeiten bestimmt werden könnten. Zugleich werden gewisse Näherungsrechnungen durch unsere Figur wesentlich erleichtert.

58. Als Grundlage solcher Näherungsrechnungen kann namentlich die Hypothese dienen, dass die Lösungspunkte innerhalb eines jeden der Parallelopipeden, in welche das quadratische Prisma durch die Schnitte fünfter Art zerlegt wird, gleichmässig vertheilt seien, d. h. dass auf gleiche, nicht allzu kleine Stücke eines solchen Parallelopipedons annähernd gleich viel Punkte kommen. Diese Annahme ist ziemlich unbedenklich für diejenigen Lösungspunkte, welche durch den Tod der betrachteten Verehelichten entstehen, vorausgesetzt, dass die gesammte Punktenzahl in dem quadratischen Prisma eine sehr grosse ist. Ein Parallelopipedon jener Art umschliesst nämlich eine Altersclasse von Ehelösungen aus einer quadratischen Hauptgesammtheit von Trauungen. Nun lässt sich aber aus der vorläufigen Betrachtung empirisch gegebener Sterblichkeitsverhältnisse und ihrer langsamen Veränderung nach dem Alter wohl der Schluss ziehen, dass von einer grossen Anzahl Individuen — hier der Getrauten — die in dem Alter α bis $\alpha + 1$ stehen, in mässig grossen Unterstufen der Altersclasse $\alpha + \delta$ bis $\alpha + \delta + 1$ annähernd gleich viele sterben werden. Es dürfte sogar ohne allzu grossen Fehler in der Regel gestattet sein, auch in den einzelnen Würfeln, welche je einer Dauerclasse der Ehe entsprechen, noch eine durchschnittlich gleichmässige Vertheilung der durch den Tod verursachten Lösungen anzunehmen.

Willkürlicher könnte die obige Hypothese in Bezug auf die durch Verwittwung entstandenen Ehelösungen scheinen, da diese nicht von dem Alter der betrachteten Individuen, sondern von dem unbekannten Alter der mit ihnen verbundenen Personen des anderen Geschlechts abhangen. Indess finden auch die Verwittwungen aus einer Gesammtheit von Getrauten jedenfalls mit einer gewissen Stetigkeit statt, und wenn die Beobachtungszahlen sehr gross sind, ist die Voraussetzung wohl gestattet, dass innerhalb einer Jahresstrecke der Ehedauer und auch innerhalb einer einjährigen Altersclasse rasche oder sprungweise Aenderungen in der

Frequenz der Verwittwungen nicht eintreten werden. (Vgl. das Beispiel im Anhang.)

Uebrigens steht nichts im Wege, die Ehelösungen durch Tod und durch Verwittwung gesondert zu untersuchen. Die obigen Erörterungen gelten sowohl für jede dieser Kategorien im Einzelnen, wie für beide zusammen.

59. Unter der eben erwähnten Hypothese, die jedenfalls die nächstliegende ist, wenn man positive Daten über die Vertheilung der Lösungspunkte nicht besitzt, sind die in §§ 49 und 50 erwähnten Zahlenbeziehungen zwischen zusammengehörenden speciellen Hauptgesammtheiten von Trauungs- und Lösungspunkten leicht nachzuweisen.

Zunächst ist zu bemerken, dass man von der stereometrischen auf die planimetrische Construction (Fig. 3) zurückgehen kann, indem man die Lösungspunkte der ersteren durch Linien, die in einem Querschnitt des Hauptprismas liegen und gegen die Grundebene um 45° geneigt sind, auf die letztere projicirt. Für den Lösungspunkt c_3 z. B. (Fig. 5) ist die Projicirende $c_3 c$ und die Projection der Punkt c. Offenbar ist $c_3 c_1 = c_1 c$, und der Punkt c ist also derselbe, den man erhalten hätte, wenn man die Ehedauer in der Grundebene und in der Ordinate DD_1 abgemessen hätte, wie es in der planimetrischen Construction geschieht.

Projicirt man in dieser Weise den Punkteinhalt des Würfels

$$m_1\, m_2\, p_1\, p_2\, o_1\, o_2\, q_1\, q_2$$

auf die Grundfläche, so fällt der Inhalt des oberen dreiseitigen Prismas $m_1\, m_2\, o_1\, o_2\, q_1\, q_2$ in das Quadrat $s_1\, s_2\, s_3\, s_4$, und der des unteren dreiseitigen Prismas in das Quadrat $r_3\, r_4\, s_1\, s_2$.

In das obere Elementardreieck des ersteren Quadrats aber fällt nur der projicirte Punkteninhalt der Elementarpyramide $m_2\, o_1\, o_2\, q_2$, in das untere Elementardreieck $s_1\, s_2\, s_3$ dagegen projicirt sich der Inhalt sowohl der Pyramide $m_2\, o_1\, q_1\, q_2$, wie der Pyramide $m_1\, m_2\, o_1\, q_1$.

Ebenso fällt in das untere Elementardreieck des Quadrats $r_3\, r_4\, s_1\, s_2$ nur die Projection des Punkteninhalts der Pyramide $m_1\, p_1\, p_2\, q_1$, das obere Elementardreieck $r_4\, s_1\, s_2$ dagegen enthält den projicirten Punkteninhalt sowohl der Pyramide $m_1\, m_2\, p_2\, q_1$ wie der Pyramide $m_2\, p_2\, q_1\, q_2$.

Da nun bei annähernd gleichmässiger Vertheilung der Lösungspunkte innerhalb des Würfels die sechs Elementarpyramiden, deren Kubikinhalt gleich ist, auch nahezu gleichen Punkteninhalt haben, so fallen von der Gesammtzahl der projicirten Lösungspunkte zwei Drittel in das Parallelogramm $r_4\, s_1\, s_2\, s_3$ und je ein Sechstel in die Elementardreiecke $r_3\, r_4\, s$ und $s_2\, s_3\, s_4$.

Diese projicirten Lösungspunkte stellen aber zwei specielle quadratische Hauptgesammtheiten (§ 49) dar, die aus einer quadratischen Hauptgesammtheit von Trauungen, $P.J._{t}(v_1 v_2 r_1 r_2)$ nach einer Ehedauer von δ bis $\delta+1$ (wenn $\delta = v_1 p_1$) hervorgegangen sind. Sie vertheilen sich also unter der hier angenommenen Voraussetzung auf die drei Kalenderjahre, in die sie fallen können, wirklich in dem Verhältniss, wie es im § 50 angegeben ist.

Nehmen wir ferner an, was als ungefähre Näherung zulässig sein dürfte, dass auch in dem Parallelepipedon $m_1 m_2 o_1 o_2 q_1 q_2 q_3 q_4$ die Lösungspunkte gleichmässig vertheilt seien. Projicirt man nun diese Punkte einmal in der eben angegebenen schrägen Richtung und sodann auch senkrecht in die Grundebene, so gibt die erste Projection die planimetrisch dargestellte specielle Hauptgesammtheit von Lösungspunkten, die durch das Quadrat $s_1 s_2 s_3 s_4$ umgrenzt wird; die zweite Projection aber führt zu der speciellen Gesammtheit von Trauungspunkten, die zu jenen Lösungen gehören. Dieselben sind über die beiden Quadrate $v_1 v_2 r_1 r_2$ und $r_1 r_2 r_3 r_4$ verbreitet, und zwar fällt in die Elementardreiecke $v_1 v_2 r_1$ und $r_2 r_3 r_4$ je ein Sechstel und in jedes der Elementardreiecke $v_2 r_1 r_2$ und $r_1 r_2 r_3$ je ein Drittel der Gesammtzahl. Es ergibt sich also für die Vertheilung der Trauungspunkte, die zu einer planimetrisch construirten quadratischen Hauptgesammtheit von Ehelösungen aus der Dauerclasse δ bis $\delta+1$ gehören, die bereits im § 49 angeführte Näherungsbestimmung.

60. Sind ferner die Lösungspunkte in dem Parallelopipedon

$$p_2 q_1 q_2 q_3 m_2 o_1 o_2 o_3$$

gleichmässig vertheilt, so fallen die Projectionen derselben wieder in der Art in das Parallelogramm $r_4 s_1 s_4 s_5$, dass auf das Quadrat $s_1 s_2 s_3 s_4$ viermal so viel Punkte kommen, als auf jedes der Dreiecke $r_4 s_1 s_2$ und $s_3 s_4 s_5$.

Es ist dies die Vertheilung der Lösungspunkte aus einer zweiten Hauptgesammtheit von Trauungen in der $(\delta+1)$ten Dauerclasse. Wird umgekehrt gesucht, wie sich die Trauungspunkte vertheilen, die zu einer zweiten Hauptgesammtheit von Lösungen aus der Dauerclasse δ bis $\delta+1$ gehören, so gehen wir von dem Parallelopipedon $m_2 o_1 o_2 o_3 q_2 q_3 q_4 q_5$ aus, in dem wir ebenfalls eine gleichmässige Vertheilung der Punkte annehmen. In der Grundebene entspricht denselben die specielle zweite Hauptgesammtheit von Lösungen $P.J.^{\delta}_{l}(s_2 s_3 s_4 s_5)$ und andererseits in senkrechter Projection eine gleiche Anzahl von Trauungspunkten in dem Parallelogramm $v_2 r_1 r_4 s_1$, von denen je ein Sechstel in die Dreiecke $v_2 r_1 r_2$

und $r_3\, r_4\, s_1$ und zwei Drittel in das Quadrat $r_1\, r_2\, r_3\, r_4$ fallen. Auch diese Beziehungen sind schon im § 50 erwähnt.

Sind die Trauungen nach Elementargesammtheiten gegeben, so könnte man den obigen Näherungsbestimmungen vielleicht eine etwas grössere Genauigkeit geben, indem man annähme, dass die Punkteninhalte der Hälften eines Würfels sich verhalten, wie die Elementargesammtheiten der Trauungen, über welchen sie liegen. Ist z. B. die Zahl der Trauungspunkte in dem Elementardreieck $v_1\, v_2\, r_1$ gleich τ, und die der Trauungspunkte in dem Elementardreieck $r_1\, r_2\, v_2$ gleich τ', und der gesammte Punkteninhalt des Würfels $m_1\, m_2\, o_1\, o_2\, p_1\, p_2\, q_1\, q_2$ gleich J, so würden auf die dreiseitigen Prismen $m_1\, m_2\, o_1\, p_1\, p_2\, q_1$ und $m_2\, o_1\, o_2\, p_2\, q_1\, q_2$, innerhalb deren die Punktenvertheilung gleichmässig bleiben soll, resp. $\frac{J.\tau}{\tau+\tau'}$ und $\frac{J.\tau'}{\tau+\tau'}$ Punkte kommen, also auf jede Elementarpyramide des ersteren Prismas $\frac{J.\tau}{3(\tau+\tau')}$ und auf jede Elementarpyramide des zweiten $\frac{J.\tau'}{3(\tau+\tau')}$ Aus diesen Näherungswerthen des Inhalts der Elementarpyramiden findet man dann nach dem Obigen ohne Schwierigkeit die Vertheilung der correspondirenden Punkte in der planimetrischen Construction.

Die letztere ist bei den meisten Anwendungen bequemer, weil äusserlich weniger verwickelt; die stereometrische Construction aber dürfte ein geeignetes Hülfsmittel sein, um gleichsam die Schichtung der zusammen gehörenden Specialgesammtheiten von Trauungs- und Lösungspunkten offen zu legen, die in dem ebenen Schema ununterscheidbar über einander lagern. Durch die senkrechte und die schräge Projection der in den dritten Coordinaten liegenden Punkte werden die möglichen Beziehungen zwischen Trauungszeit, Ehedauer und Lösungszeit anschaulich gemacht und gewisse wahrscheinliche numerische Verhältnisse aufgedeckt, die man ohne jene Zwischenconstruction nicht so leicht erkennen könnte.

Eine andere Frage, die sich den obigen Erörterungen anschliesst, sei hier noch kurz berührt. Es handelt sich um die Abstände correspondirender, nach einjährigen Strecken abgemessener erster oder zweiter (specieller) Hauptgesammtheiten von Trauungs- und Lösungspunkten. Es sei gegeben eine specielle zweite Trauungsgesammtheit in der Umgrenzung $v_2\, r_1\, r_2\, r_3$ und die zu derselben gehörenden Punkte in der gleichartigen Umgrenzung $s_2\, s_3\, s_4\, s_5$.

In der stereometrischen Construction befinden sich die Lösungspunkte, deren senkrechte und schräge Projectionen in die angegebenen Umgrenzungen fallen, sämmtlich in dem Parallelopipedon $m_2\, o_1\, u_1\, u_2\, o_2\, o_3\, q_2\, q_3$ und wir wollen wieder annehmen, dass sie in demselben gleichmässig vertheilt seien. Zerlegt man unter dieser Voraussetzung die Dreiecke $m_2\, o_2\, q_2$ und $m_2\, o_2\, u_1$ durch gleich abstehende Parallelen zu $m_2\, o_2$ in schmale Streifen, so ist die Anzahl der Lösungspunkte, die einer durch zwei aufeinanderfolgende Parallelen bestimmten kleinen Dauerklasse angehören, proportional dem Flächeninhalt des entsprechenden Streifens. Hieraus folgt, dass zu der einen Hälfte der Lösungspunkte, welche dem Dreieck $m_2\, q_2\, o_2$ entspricht, eine durchschnittliche Ehedauer gehört, die gleich ist der Höhe des Schwerpunktes jenes Dreiecks über der Grundebene, also gleich $\delta - \frac{1}{3}$, wenn $v_2\, m_2 = v_2\, s_2 = \delta$.

Andererseits entspricht dem Punkteninhalt der oberen Hälfte des Parallelopipedons eine durchschnittliche Ehedauer gleich $\delta + \frac{1}{3}$, dem Punkteninhalt beider Hälften zusammen also eine Durchschnittsdauer gleich δ, was sich auch unmittelbar aus der Figur ergibt.

Für correspondirende erste Hauptgesammtheiten von Trauungen und Lösungen erhält man ganz analoge Resultate.

61. Bisher haben wir nur die allgemeine Constitution und die wichtigeren Abstandsverhältnisse der ehestatistischen Gesammtheiten betrachtet. Wir gehen nun dazu über, die Fragen aufzustellen, deren Beantwortung erforderlich wäre, wenn eine möglichst vollständige Darlegung der Aenderungen gegeben werden sollte, welche durch die ehestatistischen Ereignisse in einer gegebenen Masse erzeugt werden.

Diese ursprüngliche Masse sei eine Gesammtheit Gleichalteriger (desselben Geschlechts) aus einer gegebenen Geburtsstrecke. Man kann zunächst bestimmen, wie viele aus dieser Generation das Minimalalter μ der Getrauten erreichen. Sodann wäre festzustellen, wie viele von den Heirathsfähigen in der $(\mu + 1)$ten, $(\mu + 2)$ten, $(\mu + 3)$ten, $(\mu + x)$ten Altersclasse (zum ersten Male) heirathen und wie viele die obere Grenze jeder Altersclasse ledig überschreiten. Die erste Reihe könnte man als die Trauungsordnung einer Generation bezeichnen. Sie wird dargestellt durch die aufeinanderfolgenden quadratischen Hauptgesammtheiten von Trauungen, die zu derselben Geburtsstrecke, etwa BB' (Fig. 3), gehören und von der dem Alter μ entsprechenden Altersgrenzlinie, etwa ml, ab beginnen.

Es wäre nun interessant, diese Trauungsgesammtheiten in allen Altersclassen mit der Zahl der Ledigen zu vergleichen, aus denen sie hervorgegangen sind. Am einfachsten ist es, diese „Nubilitätsverhältnisse" ganz analog den Sterblichkeitsverhältnissen zu behandeln. Es überschreiten L_a Ledige die Altersgrenze a; verminderte sich ihre Zahl nur durch Heirathen, so würde man unmittelbar als ihr Nubilitätsverhältniss in der $(a+1)$ten Altersclasse den Quotienten $\frac{t'_{a+1}}{L_a}$ ansehen können, wenn t'_{a+1} die Zahl der beobachteten Trauungen ist.

Aber in der $(a+1)$ten Altersclasse stirbt auch eine gewisse Anzahl Lediger, etwa m_{a+1}, und dieses Sterben bewirkt eine ähnliche Störung hinsichtlich der Trauungsverhältnisse, wie sie die Auswanderungen in den Sterblichkeitsverhältnissen erzeugt. Man kann daher nach der Näherungsmethode des § 46 verfahren, indem man an die Stelle der Verstorbenen die Getrauten und an die Stelle der Ausgewanderten die verstorbenen Ledigen setzt.

Nimmt man an, dass sowohl die Trauungspunkte wie auch die Sterbepunkte der Ledigen sich gleichmässig über das betrachtete Quadrat verbreiten, so würde nach jener Näherungsmethode folgen, dass

$$\frac{t_{a+1}}{L_a} = \frac{t'_{a+1}}{L_a - \frac{1}{2}m_{a+1}},$$

wenn t_{a+1} die Zahl der Trauungen darstellt, die erfolgt sein würde, wenn keine Ledigen gestorben wären.

Die wirklichen Aus- und Einwanderungen der Ledigen könnten unter der Voraussetzung gleichmässiger Vertheilung derselben in der Altersclasse ebenfalls berücksichtigt werden, indem man die Hälfte der ersteren mit negativem und die Hälfte der letzteren mit positivem Vorzeichen dem Nenner des Quotienten rechter Hand beifügte.

Für die folgende Altersclasse hat man, abgesehen von den Wanderungen, das Nubilitätsverhältniss $\frac{t'_{a+2}}{L_{a+1} - \frac{1}{2}m_{a+2}}$, wenn t'_{a+2} wieder die beobachtete Zahl der Trauungen darstellt und $L_{a+1} = L_a - t'_{a+1} - m_{a+1}$, und so kann leicht die vollständige Reihe der analogen Quotienten aufgestellt werden.

62. Eine zweite Frage wäre diese: Wie viele Erstverheirathete aus einer vollständig beobachteten Generation gibt es nach dem ersten, zweiten, $x$ten Altersjahre nach dem Minimalalter?

Ist $p_1\,p_2$ (Fig. 5) die gegebene Geburtsstrecke, so wird jedes Glied dieser Reihe dargestellt durch den Punkteninhalt eines vierseitigen Prismas, wie z. B. $E E_2 \Pi \Pi_1 s_1 s_2 u_1 u_2$, dessen eine Grenzfläche durch einen Schnitt fünfter Art entsteht. Man bestimmt diese Grössen, indem man von der Gesammtzahl der ersten Trauungen, die in der Generation vorkommen, die Zahl der Ehelösungen abzieht, die durch Tod und Verwittwung vor der oberen Grenze einer jeden Altersclasse eingetreten sind. Die letztere Zahl ist in dem erwähnten Beispiele gleich dem Punkteninhalt des dreiseitigen Prismas $e e_1 s_1 s_2 u_1 u_2$.

Da eine bestimmte Generation bisher in der Praxis nicht vollständig verfolgt werden kann, so würde man sich begnügen müssen, möglichst viele Prismen der letztgedachten Art nach ihrem Punkteninhalt zu bestimmen.

An diese Frage schliesst sich die speciellere: wie viele von den Erstverheiratheten aus einer bestimmten Generation und einer bestimmten Trauungsaltersclasse α bis $\alpha + 1$ sind als solche im genauen Alter von $\alpha + 1$, $\alpha + 2 \ldots \alpha + x$ noch vorhanden?

Man hat also von der gegebenen ersten Hauptgesammtheit von Trauungen die Zahl der Ehen abzuziehen, die in den einzelnen Altersclassen gelöst worden sind. Ist die gegebene Geburtsstrecke ein Jahr, so werden diese Lösungen dargestellt durch die Punkteninhalte der Stücke eines quadratischen Prismas (Fig. 6), die zwischen je zwei Schnitten fünfter Art liegen, wie z. B. $l_1 l_2 p_1 p_2 m_1 m_2 q_1 q_2$.

63. Man kann ferner fragen: wie viele von sämmtlichen Erstverheiratheten einer Generation haben eine Ehedauer von wenigstens 1, 2, 3 ... x Jahren aufgewiesen?

Anstatt von den sämmtlichen Getrauten der Generation auszugehen, kann man auch irgend eine Anzahl von Altersclassen derselben als ursprüngliche Masse nehmen. Am speciellsten wird die Aufgabe, wenn es sich darum handelt, die Getrauten einer einzigen quadratischen Hauptgesammtheit zu verfolgen. Man hat alsdann von dieser letztern nach und nach die Punkteninhalte abzuziehen, in welche das quadratische Prisma (Fig. 6) durch die (horizontalen) Schnitte vierter Art zerlegt wird.

Ist die zu Grunde liegende quadratische Hauptgesammtheit von Trauungen zu schwach besetzt, so wird man mehrere aneinanderstossende quadratische Prismen zwischen denselben Altersgrenzlinien vereint betrachten.

Weniger wichtig für die physiologische Betrachtung der Massenänderungen ist die Frage, wie viele von den Erstgetrauten einer Generation in einer Reihe aufeinanderfolgender Beobachtungszeitpunkte noch als solche existiren.

Es handelt sich dann um die Zahl der Lösungspunkte, die zwischen je zwei Schnitten sechster Art, also z. B. in dem Prismoid (Fig. 6)

$$k_2\, p_1\, l_1\, r_3\, r_2\, r_4\, s_1\, q_1\, m_1\, p_2$$

liegen.

Wollte man speciell die Aenderungen einer einzigen quadratischen Trauungsgesammtheit in dieser Art verfolgen, so würde man nur die parallelopipedischen Stücken jener Prismoide zu betrachten haben, die in dem betreffenden quadratischen Prisma liegen. Denn ein solches Paralellopipedon, also z. B. $k_2\, p_1\, l_1\, r_2\, l_2\, p_2\, m_1\, q_1$ umfasst diejenigen Lösungen, die, zu der betreffenden quadratischen Trauungsgesammtheit gehörend, im Laufe eines Erhebungsjahres eingetreten sind.

64. Aus den Erstgetrauten gehen die Erstverwittweten hervor. Hier erhebt sich namentlich die Frage, wie viele von den sämmtlichen Erstverheiratheten einer vollständig beobachteten Generation oder aus einer oder mehreren Trauungsaltersclassen derselben verwittwen und wie viele die Ehe durch ihren eigenen Tod zur Auflösung bringen. Die Verhältnisszahlen, die sich bei dieser Untersuchung ergeben, werden für die beiden Geschlechter merklich verschieden sein.

Auch könnte man für jede Lebensaltersclasse der Getrauten das „Verwittwungsverhältniss" aufstellen, indem man ganz ähnlich verführe, wie bei der Bestimmung der Nubilitätsverhältnisse. Ist T_a die Zahl der Verehelichten, welche die untere Grenze a einer Altersclasse überschreiten, ω'_{a+1} die beobachtete Zahl der ersten Verwittwungen in dieser Altersclasse, m_{a+1} die Zahl der in der $(a+1)$ten Altersclasse gestorbenen Verehelichten (des betrachteten Geschlechts), t_{a+1} die Zahl der in dieser Classe neu hinzugetretenen Erstgetrauten, so ist der genäherte Ausdruck für das Verwittwungsverhältniss[1]) dieser Classe $\dfrac{\omega'_{a+1}}{T_a - \frac{1}{2}(m_{a+1} - t_{a+1})}$.

Die Sterbefälle werden also wie Auswanderungen und die neuen Ehen wie Einwanderungen behandelt, unter der Annahme gleichmässiger Vertheilung derselben in der Altersclasse.

Die ersten Wiederverheirathungen, die aus den ersten Verwittwungen hervorgehen, geben Anlass zu ganz analogen Fragen, die im Einzelnen

---

[1]) Es ist dies also dasjenige Frequenzverhältniss der Verwittwungen, welches sich ergeben haben würde, wenn die ursprüngliche Zahl T_a der Verehelichten eines Geschlechtes sich im Laufe der $(a+1)$ten Altersstrecke weder durch den Tod vermindert, noch durch neue Trauungen vermehrt hätte.

durchzugehen überflüssig sein dürfte. Dasselbe gilt in Betreff der wiederholten Verwittwungen und Wiederverheirathungen.

Wir bemerken nur noch, dass die stereometrische Construction in Fig. 5) und 6) ohne weiteres auch für die Untersuchung der wiederholten Ehen dienlich ist. Man kann die durch erste Verwittwung entstandenen Lösungspunkte durch schräge Projicirende auf die Ebene zurückführen, die Dauer der Wittwer- oder Wittwenschaft in der Ebene abtragen und über den neu entstehenden Gesammtheiten von zweiten Trauungen wieder dieselbe Construction aufführen, wie über den Gesammtheiten von ersten Trauungen.

65. Sehen wir nun zu, wie weit die in den vorigen Paragraphen angeführten Aufgaben mit Hülfe des von der amtlichen Statistik gebotenen Materials gelöst werden können.

Dieses Material ist bisher, wenigstens so weit es veröffentlicht wird,[1]) noch sehr unvollständig Es werden nur dritte Hauptgesammtheiten von Getrauten geliefert (durch Erhebungsjahr und Alter bestimmt) und diese sind in der Regel nicht einmal durchweg auf einjährige Altersclassen gegründet[2]). Combinirt mit dem Alter (indess nicht überall), wird der Civilstand der Getrauten angegeben, jedoch nur ausnahmsweise (wie in Schweden und in Hessen) eine Unterscheidung der wiedergetrauten Verwittweten nach der **Zahl** ihrer früheren Ehen durchgeführt.

Ferner wird die Zahl der Trauungen in den einzelnen Monaten des Jahres zusammengestellt, eine Gruppirung, von der man zu gewissen Näherungsrechnungen Gebrauch machen kann.

In den Sterbetabellen findet man meistens die Unterscheidung nach dem Civilstande, aber nicht immer combinirt mit dem Alter. Vollends fehlt die Angabe, die wie vielte Ehe oder Verwittwung der Gestorbenen durch den Tod beendigt worden ist.

Auch bei den Volkszählungen werden die Ordnungszahlen der bestehenden Ehen und Verwittwungen nicht berücksichtigt.

Als nächster Fortschritt zur Vervollständigung des Materials wäre

---

[1]) Die in Elsass-Lothringen geführten (von Boeckh aufgestellten) statistischen Register enthalten beinahe alle Daten, die zu der oben angedeuteten Behandlung der Ehestatistik erforderlich sind.

[2]) Es geschieht dies in der schwedischen Statistik wenigstens für die erstgetrauten Frauen in den Altersclassen von 15—50. (Vgl. z. B. Bidrag till Sveriges officiela statistik; Befölkningsstatistik, ny följd VIII, 1866.) Sehr vollständige Altersangaben über die Getrauten beider Geschlechter werden in Hessen veröffentlicht. S. Beiträge zur Stat. des Grossh. Hessen. X, 1870.

die Gruppirung der Getrauten nach Altersclasse und Geburtsjahr, also nach Elementargesammtheiten zu wünschen, was denn auch von der Zollvereinscommission in Vorschlag gebracht worden ist. Das Formular der letzteren macht allerdings bei den wiederheirathenden Verwittweten keine weitere Unterscheidung.

Die Kenntniss der Elementargesammtheiten der Erstgetrauten würde unmittelbar die Aufstellung von Bruchstücken der Trauungsordnung einer Reihe von Generationen ermöglichen, die man hypothetisch zu der Trauungsordnung einer idealen Generation vereinen könnte.

66. So lange aber die Elementargesammtheiten der Getrauten nicht unmittelbar erhoben werden, muss man sich mit Näherungsbestimmungen derselben begnügen.

Nehmen wir zunächst an, die (zum ersten Male) Getrauten seien nach Erhebungsjahren und einjährigen Altersclassen gegeben. Es wäre also z. B. die Gesammtheit $P.J._t(c_2\, d_2\, b_3\, c_3)$ (Fig. 4) in ihre beiden Elementargesammtheiten zu zerlegen. Bei dieser Theilung fällt höchstwahrscheinlich das Verhältniss der Geburtenzahlen in den Jahresstrecken $P_2\, P_3$ und $P_3\, P_4$ weniger ins Gewicht, als bei der Näherungsbestimmung der Elementargesammtheiten von Sterbepunkten. Die Trauungszeit wird unter entscheidender Mitwirkung der Ueberlegung und Vorbedachtsamkeit der Heirathslustigen bestimmt, und hängt daher jedenfalls wesentlich mit ab von der Erwägung der ökonomischen Zeitverhältnisse. Auch wer endgültig zur Heirath entschlossen ist, wird sich in einem ihm wirthschaftlich ungünstigen Jahre leicht zum Abwarten des folgenden Jahres bestimmen lassen, während er nur in besonderen Fällen sein Alter berücksichtigen wird. Ebenso werden die Einflüsse, die, auf wirthschaftlichen Gründen, auf Herkommen oder auf kirchlichen Anschauungen beruhend, die Vertheilung der Trauungen auf die einzelnen Monate des Kalenderjahrs mit bedingen, im Allgemeinen wirksamer sein, als die Rücksicht, welche die Heirathslustigen auf einen kleinen Zuwachs ihres Alters nehmen. Proportionalität der Heirathsfrequenz einer bestimmten Altersclasse aus einer bestimmten Monatsgeneration mit der ursprünglichen Stärke dieser Generation ist also nicht wohl anzunehmen.

Wir sehen daher in Betreff der gegebenen dritten Hauptgesammtheit von dem (im Allgemeinen ohnehin geringen) Unterschiede der beiden Generationen und ihrer Monatsabtheilungen ab, berücksichtigen dagegen die verschiedene Heirathsfrequenz in den einzelnen Monaten des Trauungsjahres. Die Unterschiede dieser Art sind bekanntlich sehr bedeutend, zumal in katholischen Ländern, wo die Trauungen im März und December oft nur 30 bis 40 Procent der Frequenz im Januar und April ausmachen. Nun verhalten sich aber die beiden zu bestimmenden Elementargesammtheiten zu den einzelnen Monaten des Beobachtungsjahres ganz verschieden. Zieht man die monatlichen Zeitgrenzlinien, wie $D\varphi_5, \gamma_1 i$, so fällt in das untere Elementardreieck $c_2 c_3 d_2$ 23/24 des schwach besetzten Decemberstreifens und nur 1/24 des stark besetzten Januarstreifens, während für das obere Elementardreieck $b_3 c_2 c_3$ gerade das umgekehrte Verhältniss stattfindet.

Man darf annehmen, dass die Gründe, welche die Vertheilung der Trauungen auf die einzelnen Monate bedingen, auf alle Altersclassen der Ehecandidaten annähernd gleichmässig einwirken. Daraus würde folgen, dass die Punktendichtigkeit in den Monats- oder vielmehr Zwölfteljahresstreifen des Parallelogramms $c_2 b_3 c_3 d_2$ (innerhalb deren gleichmässige Punktenvertheilung angenommen wird) proportional ist den gesammten Trauungszahlen aus allen Altersclassen, die auf die einzelnen Jahreszwölftel kommen. Ist also τ die gegebene Trauungsgesammtheit, so sind die einzelnen Zwölftel derselben, von der Grenze $b_3 c_2$ an gerechnet, gleich $f_1 \tau, f_2 \tau \ldots f_{12} \tau$, wenn die Grössen f die aus den monatlichen Gesammtsummen der Trauungen berechneten Verhältnisszahlen darstellen. Mit Rücksicht auf die Zusammensetzung der Elementargesammtheiten aus trapezförmigen Streifen ergibt sich nun ohne Weiteres:

$$P.J_t(c_2 c_3 d_2) = \Sigma f_x \frac{x - \frac{1}{2}}{12} . \tau \quad \text{(untere Elementarges.)}$$

$$P.J_t(b_3 c_2 c_3) = \Sigma f_x \frac{12 - x + \frac{1}{2}}{12} . \tau \quad \text{(obere Elementarges.)}$$

wenn unter den Summenzeichen für x alle ganzen Zahlen von 1 bis 12 eingesetzt werden.

Wären die Getrauten in zweiten Hauptgesammtheiten, also nach Erhebungsjahr und Geburtsjahr gruppirt, so wäre in den obigen Näherungswerthen der oberen und unteren Elementargesammtheit nur τ durch die gegebenen Werthe v der zweiten Hauptgesammtheiten zu ersetzen. Innerhalb der letzteren wird nämlich hauptsächlich wieder die Verschiedenheit der Trauungsfrequenz in den einzelnen Monaten des Erhebungsjahrs zu beachten sein, während der Einfluss des Altersunterschiedes in den Grenzen der Gesammtheit vernachlässigt werden dürfte. Nur bei den gewissen Classen des Trauungsalters scheint diese letztere Annahme unstatthaft; bei den jüngsten z. B. wird die relative Besetzung der beiden Elementargesammtheiten, wie

$$P.J._t(c_2\, d_1\, d_2) \text{ und } P.J._t(c_2\, c_3\, d_2),$$

wahrscheinlich wesentlich mit dadurch beeinflusst, dass die eine einer niedrigeren Altersclasse angehört, als die andere. Man könnte in diesem Falle vielleicht setzen:

$$P.J._t(c_2\, d_1\, d_2) = \Sigma f_x \frac{12 - x + \frac{1}{2}}{12} \tau_1, \text{ und}$$

$$P.J._t(c_2\, c_3\, d_2) = \Sigma f_x \frac{x - \frac{1}{2}}{12} \tau_2,$$

wenn τ_1 und τ_2 die (unbekannten) dritten Hauptgesammtheiten

$$P.J._t(c_2\, d_1\, d_2\, e_1)$$

und $P.J._t(b_3\, c_2\, c_3\, d_2)$ darstellen, und vorausgesetzt wird, dass das Verhältniss $\tau_1 : \tau_2$ demjenigen gleich gesetzt werden könne, welches die entsprechenden direct beobachteten dritten Hauptgesammtheiten in einem anderen Lande mit ähnlichen Trauungsverhältnissen aufweisen. Man würde ferner die Summe der Glieder rechter Hand gleich der gegebenen Gesammtheit v setzen, und somit zwei Gleichungen erhalten, aus denen sich τ_1 und τ_2 bestimmen liessen.

67. Sind die dritten Hauptgesammtheiten der Trauungen nach einjährigen Altersclassen für eine längere Reihe von Beobachtungsjahren gegegeben, so kann man grössere Bruchstücke von Trauungsordnungen verschiedener Generationen aufstellen, indem man ganz nach Analogie der Hermannschen Methode verfährt und die Näherungswerthe der Elementargesammtheiten zur Anbringung von Correctionen benutzt.

Um aus den ersten Hauptgesammtheiten von Getrauten der verschiedenen Altersclassen die Nubilitätsverhältnisse der entsprechenden Altersclassen von Ledigen zu bestimmen, bedarf man der ersten Hauptgesammtheiten der letzteren. Hat eine Zählung am Ende[1]) des Kalenderjahres z für die Lebenden der Altersclasse α bis $\alpha + 1$ die Zahl l_α ergeben, so ist die Zahl L_α der Ledigen, welche die untere Grenze α, z. B. die Linie $b_1\, d_2$ (Fig. 3) erreicht haben, gleich $l_\alpha + \tau_{\alpha+1} + v_{\alpha+1}$, wenn $\tau_{\alpha+1}$ die Trauungen in der angrenzenden unteren Elementargesammtheit (in dem

[1]) Findet die Zählung nicht am Jahresende statt, so muss das Resultat wenigstens näherungsweise auf diesen Zeitpunct reducirt werden. Vgl. § 25.

Dreieck $b_1 d_2 f$) und $v_{\alpha+1}$ die Sterbefälle der Ledigen in demselben Elementardreieck darstellt. Man kann ohne merklichen Fehler

$$v_{\alpha+1} = \frac{1}{2} m_{\alpha+1}$$

setzen, wenn $m_{\alpha+1}$, wie im § 61, die Gesammtzahl der in der $(\alpha + 1)$ten Altersclasse gestorbenen Ledigen aus dem betreffenden Geburtsjahr bezeichnet. Ist ferner $t'_{\alpha+1}$ die aus den Beobachtungen näherungsweise bestimmte quadratische Hauptgesammtheit der Trauungen der $(\alpha + 1)$ten Altersclasse, so ergibt sich nach § 61 als Näherungswerth des Nubilitätsverhältnisses: $\frac{t'_{\alpha+1}}{l_\alpha + \tau_{\alpha+1}}$.

Will man die Annahme machen, dass die Trauungspunkte in den Elementardreiecken $b_1 d_2 f$, $b_1 f h$ und $c_2 d_2 f$ gleich zahlreich seien, so ist jeder dieser Punkteninhalte gleich der Hälfte der (beobachteten) dritten Hauptgesammtheit $P.J._t(b_1 d_2 c_2 f)$ oder gleich $\frac{1}{2}(t)_{\alpha+1}$. Setzt man dann die bekannte Grösse $\frac{(t)_{\alpha+1}}{l_\alpha}$ (den „Nubilitätscoefficienten") gleich n_α, so ergibt sich als sehr einfacher, aber nicht ganz genauer Ausdruck des Nubilitätsverhältnisses $\frac{n_\alpha}{1 + \frac{1}{2} n_\alpha}$.

68. Die im § 62 zuerst gestellte Frage würde sich bruchstückweise beantworten lassen, wenn die von der Zollvereins-Commission vorgeschlagenen Formulare zur Anwendung gelangten, nach welchen sowohl die gestorbenen Verehelichten wie auch die Hinterbliebenen nach dem Alter in Elementargesammtheiten gruppirt würden.

Doch müsste für unseren Zweck auch noch die Ordnungszahl der durch Tod oder Verwittwung gelösten Ehe angegeben werden.

Man fände alsdann unmittelbar die quadratischen Hauptgesammtheiten der ersten Ehelösungen in der planimetrischen Construction, z. B. $P.J._l(r_1 r_2 r_3 r_4)$ (Fig. 6).

In der stereometrischen Construction aber würden dieselben Lösungspunkte, in Folge der Verschiedenheit der zugehörigen Trauungsalter, innerhalb eines von zwei Schnitten fünfter Art begrenzten Prismas erscheinen, wie z. B. $k_1 k_2 r_1 r_2 p_1 p_2 r_3 r_4$, wenn wir $v_1 v_2$ als Minimalaltersgrenze annehmen. Nach vollständiger Beobachtung einer Generation könnte man also die Reihe der Punkteninhalte dieser Prismen aufstellen, die zusammen ein dreiseitiges Prisma wie $e e_1 E E_2 \Pi \Pi_1$ bilden (Fig. 5).

Wie aber die Lösungspunkte dieser Prismen, resp. der gegebenen planimetrischen Hauptgesammtheiten mit den Trauungspunkten correspondiren, würde man nur hypothetisch schätzen können. Diese Aufgabe läuft darauf hinaus, den Punkteninhalt eines Parallelopipedons, wie

$$k_1\, k_2\, r_1\, r_2\, p_1\, p_2\, l_1\, l_2$$

näherungsweise zu bestimmen.

Da die Lösungen alle in derselben Altersclasse erfolgen, so darf man vielleicht annehmen, dass die Punkteninhalte der Elementarpyramiden, welche die erwähnten Prismen zusammensetzen, proportional seien den Punktenzahlen der Elementargesammtheiten von ersten Trauungen, über welchen jene Pyramiden liegen. Bezeichnen wir die Trauungszahlen der Elementardreiecke $v_1\, v_2\, r_1$, $v_2\, r_1\, r_2$, $r_1\, r_2\, r_3$, $r_2\, r_3\, r_4$ resp. mit $\varepsilon_1, \varepsilon_2, \varepsilon_3, \varepsilon_4$, und die Zahl der Lösungspunkte in dem ganzen oben erwähnten Prisma mit P, so ist aus der Figur leicht zu ersehen, dass

$$P = 3\varphi\, \varepsilon_1 + 3\varphi\, \varepsilon_2 + 2\varphi\, \varepsilon_3 + \varphi\, \varepsilon_4,$$

wenn φ eine Constante, und für den Punkteninhalt des Parallelopipedons $k_1\, k_2\, p_1\, p_2\, l_1\, l_2\, r_1\, r_2$ würde sich also ergeben $\dfrac{3(\varepsilon_1 + \varepsilon_2)P}{3\varepsilon_1 + 3\varepsilon_2 + 2\varepsilon_3 + \varepsilon_4}$.

Die allgemeine Anwendung des in diesem Beispiele angedeuteten Verfahrens bedarf keiner weiteren Erläuterung. Dasselbe dürfte hinlänglich genau sein, wenn nur die Lösungen behandelt werden, die durch den Tod der betrachteten Verehelichten entstehen, weniger sicher aber scheint es, wenn mit diesen auch die Verwittwungen vereinigt sind. Ueberhaupt ist es vielleicht zweckmässiger, in den zuletzt behandelten Aufgaben diese beiden Arten der Ehelösung gesondert zu betrachten.

Sind die verstorbenen und verwittweten Erstverheiratheten nur nach Erhebungs- und Geburtsjahr gruppirt, so kann man die Fragen des § 62 nur in roher Näherung beantworten. Es würde sich darum handeln, den gegebenen Punkteninhalt eines prismoidischen Körpers, wie

$$k_2\, p_1\, l_1\, r_3\, r_2\, r_4\, p_2\, m_1\, q_1\, s_1$$

in die beiden Theile zu zerlegen, welche durch den Schnitt fünfter Art $p_1\, p_2\, r_3\, r_4$ bestimmt werden. Die Zusammensetzung beider Theile aus Elementarpyramiden ist leicht zu übersehen, aber man müsste über den Punkteninhalt der einzelnen Pyramiden wieder die eben erwähnte Hypothese aufstellen.

Sind endlich die gestorbenen und verwittweten Erstverheiratheten nach Erhebungsjahr und Altersclasse geordnet, so hat man die Punkteninhalte von Prismoiden, wie das durch die Grundfläche $s_3\, s_4\, s_5\, s_6$ (Fig. 6) angedeutete. Sie müssten ebenfalls näherungsweise zerlegt werden, und ihre Behandlung bietet keine grösseren Schwierigkeiten, als der vorhergehende Fall.

69. Zur Beantwortung der im § 63 aufgestellten Fragen bedarf man directer Erhebungen über die Dauer der gelösten Ehen. Solche sind denn auch von der mehrerwähnten Commission empfohlen worden, aber selbst nach Ausfüllung der vorgeschlagenen Formulare I und II (l. c., S. 98) würden die vorliegenden Aufgaben nur unvollkommen gelöst werden können. Das Formular I unterscheidet die gelösten Ehen nach Lösungsjahr und ein- und später fünfjährigen Dauerclassen. Es bestimmt also Gesammtheiten von Lösungspunkten, die begrenzt sind einestheils durch Schnitte sechster Art, wie (Fig. 5) $d E \Pi$ und $e_2\, d_1\, e_3$ — der in der Figur nur theilweise angedeutet ist — und anderentheils durch Schnitte vierter Art von denen nur die Spur $d_2\, d_3$ gezeichnet ist. Es ist leicht zu sehen, wie grosse Unterschiede hinsichtlich der Geburts- und Trauungszeit in diesen Gesammtheiten vorkommen können.

Das Formular II unterscheidet ausser dem Erhebungsjahr die durch den Tod des einen Theils erfolgten Ehelösungen nach dem Alter dieses Theiles (in fünfjährigen Classen) zur Zeit der Eheschliessung.

Für unseren Zweck lassen sich diese Daten nur mit Hülfe gewagter Annahmen verwerthen.

Wenn aber in jedem Kalenderjahre die ersten Ehelösungen (durch Tod und Verwittwung) nach Geburtsjahren und einjährigen Dauerclassen unterschieden würden — und diese Combination dürfte praktisch noch ausführbar sein — so könnte man mittels der im § 58 aufgestellten Hypothese auf die speciellen Gesammtheiten von Trauungen zurückschliessen, denen diese Lösungen entsprechen. Es kommen hier die in den §§ 59 und 60 angeführten, wenigstens näherungsweise gültigen Sätze zur Anwendung.

In der planimetrischen Construction seien (Fig. 6) die speciellen zweiten Hauptgesammtheiten von Lösungen in einer bestimmten Dauerclasse gegeben, z. B. $P.J.{}_{l}^{\delta}(s_2\, s_3\, s_4\, s_5)$.

Ist diese Zahl gleich P, und ist $\delta = r_2\, q_2$, so haben wir gesehen, dass annähernd je $\frac{P}{3}$ Trauungen, die zu diesen Lösungen gehören, in die Trauungs-Elementardreiecke $r_1\, r_2\, r_3$ und $r_2\, r_3\, r_4$ und je $\frac{P}{6}$ in die Elementardreiecke $v_2\, r_1\, r_2$ und $r_3\, r_4\, s_1$ fallen. Indem man in derselben Weise für die übrigen speciellen, der $(\delta + 1)$ten Dauerclasse entsprechenden zweiten

Hauptgesammtheiten von Lösungen die correspondirenden Punkte in den Elementardreiecken der Trauungen bestimmt, erhält man ohne Schwierigkeit die genäherte Zahl der Lösungen, die aus einer quadratischen Hauptgesammtheit von Trauungen, z. B. $P.J._t(v_1\, v_2\, r_1\, r_2)$ in jener Dauerclasse hervorgehen, d. h. den Punkteninhalt des Würfels mit der Diagonale $q_1\, m_2$, und somit würde man zur Beantwortung der speciellsten Frage des § 63 gelangen.

Anstatt nach Geburtsjahr und Dauerclasse der Ehe könnte man die Lösungen auch nach Geburtsjahr und Trauungsjahr gruppiren.

Es wären dann die Näherungswerthe der Ehedauer nach den im § 60 gegebenen Andeutungen zu bestimmen, und man würde wiederum in Stand gesetzt werden, die Punkteninhalte der Würfel, aus denen sich die quadratischen Prismen aufbauen, stückweise zusammenzusetzen, also annähernd die Frage zu beantworten, wie die Ehen einer quadratischen Trauungsgesammtheit sich in den successiven Dauerclassen auflösen.

70. Gehen wir nun zu den im § 64 erwähnten Aufgaben über, so ergibt sich, dass selbst die von der Zollvereinscommission aufgestellten Formulare zur vollständigen Lösung dieser Fragen noch nicht ausreichen würden. Die Kenntniss der Ordnungszahlen der geschlossenen Ehen genügt nicht für unseren Zweck; es müssten auch, und zwar nach Elementargesammtheiten, für jeden Theil die Ordnungszahlen der gelösten Ehen gegeben sein.

Ausserdem wäre erforderlich, dass bei den Volkszählungen die Ordnungszahlen der bestehenden Ehen in allen Altersclassen beider Geschlechter constatirt würden.

Denn um das erste Verwittwungsverhältniss der $(a+1)$ten Altersclasse zu bestimmen, muss mindestens gegeben sein die Zahl ω'_{a+1} der in dieser Classe vorgekommenen ersten Verwittwungen und die Zahl V_a der lebenden Erstverheiratheten dieser Altersclasse am Ende des Kalenderjahrs $n+a$, wenn n das Kalenderjahr der Geburt derselben ist.

Man erhält dann einfach als Näherungswerth jenes Verhältnisses

$$\frac{\omega'_{a+1}}{V_a + \frac{1}{2}\omega'_{a+1}}.$$

Denn in dem Ausdruck (§ 64):

$$\frac{\omega'_{a+1}}{T_a - \frac{1}{2}(m_{a+1} - t_{a+1})} \quad \text{ist sehr nahe}$$

$$T_a = V_a + \frac{1}{2}\,\omega'_{a+1} + \frac{1}{2}\,m_{a+1} - \frac{1}{2}\,t_{a+1},$$

wenn man gleichmässige Verbreitung der Verwittwungspunkte in den Grenzen der betreffenden quadratischen Hauptgesammtheit annimmt. Unter den $\frac{1}{2}\, m_{a+1}$ verstorbenen Verehelichten befinden sich auch solche, die erst nach Ueberschreitung der Altersgrenze a getraut worden sind; aber diese fallen wieder weg, weil sie mit entgegengesetztem Vorzeichen als Bestandtheile der Grösse $\frac{1}{2}\, t_{a+1}$ vorkommen.

Das Hervorgehen der zweiten Ehen aus den ersten Verwittwungen, der zweiten Verwittwungen aus den zweiten Ehen u. s. w. wird in analoger Weise dargestellt.

Die Scheidungen werden am zweckmässigsten nicht mit den beiden Hauptarten der Ehelösung vereinigt, sondern als seltene und abnorme Ereignisse in besonderen Listen nach ihren wichtigsten Bestimmungsstücken zusammengestellt.

Wir fügen hier die Bemerkung bei, dass wir keineswegs eine Kritik der von der Zollvereinscommission aufgestellten Formulare haben üben wollen, wenn wir gewisse Mehrforderungen hinsichtlich der Specialisirung des Materials gestellt haben. Jene Formulare sind aus anderen Gesichtspunkten hervorgegangen, als den hier eingehaltenen, und namentlich auch durch die Rücksicht auf das praktisch Erreichbare beschränkt. Die mehrfach erwähnte Forderung indessen, dass die gelösten und bestehenden Ehen und die eintretenden und bestehenden Verwittwungen in den Registern über die Bewegung der Bevölkerung und bei der Volkszählung nach ihrer Ordnungszahl unterschieden werden möchten, dürfte erheblich genug sein, um in der Praxis Berücksichtigung zu verdienen.

71. Die Sterblichkeitsverhältnisse der verschiedenen Kategorien des Civilstandes sind, wie Becker bereits angedeutet hat (l. c. S. 284), in der Art zu berechnen, dass man den Uebergang aus einer Kategorie in die andere nach Analogie der Wanderungen behandelt.

Sind also an der unteren Grenze einer quadratischen Hauptgesammtheit der $(a+1)$ten Altersclasse L_a Ledige vorhanden, und sterben von diesen innerhalb der Grenzen des Quadrats m'_{a+1}, während h_{a+1} heirathen, so ist das Sterblichkeitsverhältniss der Ledigen dieser Altersclasse näherungsweise gleich $\dfrac{m'_{a+1}}{L_a - \frac{1}{2}\, h_{a+1}}$; es würde also, wenn alle ledig geblieben wären, die Zahl der beobachteten Verstorbenen $m_{a+1} = \dfrac{m'_{a+1}\, L_a}{L_a - \frac{1}{2} h_{a+1}}$

gewesen sein. Hier ist allerdings die ziemlich gewagte Voraussetzung zu Grunde gelegt, dass die Mortalität der Neuverehelichten in der betreffenden Altersclasse dieselbe bleibe, wie die der Ledigen. In Wirklichkeit aber sollte man geneigt sein, die Neuverehelichten als ausgewählte Leben anzusehen, während andererseits freilich bei den weiblichen in den Gefahren der ersten Geburt eine neue Sterblichkeitsursache hinzutritt. Immerhin aber wird der obige Ausdruck dem richtigen Verhältniss näher kommen, als der einfache Quotient aus den beobachteten Todesfällen und der ursprünglichen Anzahl der Ledigen.

Sind die betrachteten Ledigen im Kalenderjahr n geboren und hat zur Zeit $n + a$ die Zählung A_a Ledige nachgewiesen, so ist sehr nahe $L_a = A_a + \frac{1}{2} m'_{a+1} + \frac{1}{2} h_{a+1}$, und der obige Ausdruck verwandelt sich also in $\frac{m'_{a+1}}{A_a + \frac{1}{2} m'_{a+1}}$.

Ebenso findet man als Sterblichkeitsverhältniss der Erstverheiratheten in der $(a+1)$ten Altersclasse $\frac{u'_{a+1}}{T_a - \frac{1}{2}(\omega_{a+1} - t_{a+1})}$ wenn u'_{a+1} die beobachtete Zahl der in der $(a+1)$ten Altersclasse gestorbenen Erstverehelichten, T_a die Anzahl derselben an der unteren Altersgrenze, ω_{a+1} und t_{a+1} wieder resp. die in der Altersclasse vorgekommenen Verwittwungen und hinzugetretenen ersten Trauungen darstellt.

Führt man V_a, die zur Zeit $n + a$ gezählten Erstverehelichten, ein, so ergibt sich der einfache Näherungsausdruck $\frac{u'_{a+1}}{V_a + \frac{1}{2} u'_{a+1}}$.

Auf ähnlichem Wege gelangt man auch zu genäherten Ausdrücken der Sterblichkeitsverhältnisse der Verwittweten und wiederholt Getrauten.

---

72. Im Obigen sind die Verehelichten eines jeden Geschlechtes für sich, nicht aber in ihrer Verbindung zu Ehepaaren betrachtet worden. Es handelte sich uns hauptsächlich darum, die durch Ab- und Zugang entstehende Veränderung einer Masse zu verfolgen; bei der Untersuchung der Paare aber kommt es nicht sowohl darauf an, Massen-Veränderungen zu beobachten, als vielmehr gewisse mehr oder weniger ständige Zahlenverhältnisse in der qualitativen Constitution der Ehen zu constatiren, wie namentlich die Zahlen, in denen die verschiedenen Altersclassen und

Civilstands-Kategorien der beiden Geschlechter sich miteiander verbinden. Ueber die Dauerverhältnisse der Ehe gibt die isolirte Untersuchung beider Geschlechter vollständigen Aufschluss, wenn man die durch Tod und Verwittwung entstehenden Lösungen zusammenfasst.

Von unserem Standpunkte haben wir über die Paare wenig beizufügen.

In der graphischen Darstellung (Fig. 3) kann man sich ein Paar im Augenblick der Trauung vorstellen durch zwei Punkte, deren Verbindungslinie ein Stück einer schrägen Zeitgrenzlinie $z = \text{const.}$ ausmacht, wenn z die Trauungszeit bedeutet. Der Altersabstand der beiden Getrauten ist natürlich gleich der Differenz der beiden Ordinaten.

Mit dem zunehmenden Alter bewegt sich gleichsam die Verbindungslinie parallel mit sich selbst zwischen den beiden zugehörigen Geburtsgrenzlinien nach aufwärts, bis einer der beiden Endpunkte zu einem Sterbepunkt wird, wodurch das Paar verschwindet.

Denkt man sich nun die Trauungen beider Geschlechter durch zwei verschiedene Arten von Punkten in unserem Schema eingetragen, so könnte man zunächst die Abstandsverhältnisse der zusammengehörigen speciellen Hauptgesammtheiten von verschiedenem Geschlecht untersuchen. Unter den Abständen sind hier die Altersdifferenzen der Getrauten zu verstehen; sie werden also nicht auf den Verbindungslinien, sondern auf den Projectionen derselben auf die verlängerten Ordinaten der jüngeren Gesammtheit gemessen. Sind die Trauungsgesammtheiten nach einjährigen Strecken abgemessen, so sieht man sofort, dass die Abstände der conjugirten Punkte je zweier Hauptgesammtheiten der ersten, zweiten oder dritten Art zwischen $d - 1$ und $d + 1$ Jahre betragen können, wenn d der Abstand der beiden unteren Altersgrenzen ist. Bei gleichmässiger Vertheilung der Trauungspunkte der beiden Specialgesammtheiten ist der durchschnittliche Abstand gleich d.

Die Abstandsverhältnisse correspondirender Punkte in gleichartigen oder ungleichartigen Elementardreiecken — die natürlich in demselben schrägen Jahresstreifen liegen müssen — lassen sich ebenfalls in der Figur leicht übersehen. Man könnte auch eine stereometrische Construction zu Hülfe nehmen, indem man in den Trauungspunkten der jüngeren Gesammtheit Senkrechte zur Grundebene errichtete und auf diesen die Altersdifferenzen abmässe. Es scheint indess nicht nöthig, auf diesen Gegenstand näher einzugehen.

73. Man pflegt die Altersverhältnisse der getrauten Paare dadurch darzustellen, dass man correspondirende Specialgesammtheiten der dritten

Art angibt, die meistens mehrere Altersclassen umfassen. Man könnte aber auch die Gruppirung in zweiten Hauptgesammtheiten vornehmen, also die Combinationen der in einem Kalenderjahr Verbundenen nach ihren Geburtsjahren (oder auch nach mehrjährigen Geburtsstrecken) aufstellen.[1]) Unter dieser Voraussetzung würde man im Stande sein, verbundene Generationen bis zu einem gewissen Grade in ihren Veränderungen zu verfolgen.

Es würde sich die Frage beantworten lassen: wie verbinden sich die Angehörigen der Generation des Kalenderjahres n unter sich selbst und mit der Generation irgend eines anderen, früheren oder späteren Kalenderjahrs n'.

Natürlich kann dieselbe Frage auch für die beiden Geschlechter gesondert gestellt werden.

Man würde also feststellen, wie viele Angehörige der beiden Generationen bis zum Ende des Kalenderjahres z in den einzelnen Erhebungsjahren seit dem frühestmöglichen verbunden worden sind.

Wie viele aber sind von diesen Verbundenen in dem erwähnten Zeitpunkt als solche noch vorhanden?

Eine zu dieser Zeit veranstaltete Volkszählung, welche die Geburtsjahre der lebenden Eheleute angäbe, würde die Antwort auf diese Frage unmittelbar ermöglichen.

Nähme man eine Reihe solcher Zählungen mit mässig grossen Abständen zu Hilfe, so würde man durch zwei Mittel die Veränderungen der verbundenen Doppelmasse charakterisiren können: einestheils durch die Reihe der Zahlen der überlebenden Paare aus den beiden verbundenen Generationen zur Zeit der Zählungen; und anderntheils durch Aufstellung der Verhältnisse dieser überlebenden Paare zu der Gesammtzahl der Verbindungen, die zwischen den beiden Generationen bis zu den verschiedenen Zählungsterminen geschlossen worden sind.

Die Unterscheidung der Ordnungszahl der Ehen ist für diese Ermittlungen nicht gerade nothwendig. Heirathet der verwittwete Theil eine Person, die mit dem verstorbenen Theile nicht gleiches Geburtsjahr besitzt, so kommt diese Ehe überhaupt nicht in Betracht; ist aber das Geburtsjahr des hinzugetretenen und des verstorbenen Theiles das gleiche,

[1]) Die zweite Hauptgesammtheit, die dem frühesten Kalenderjahr entspricht, in welchem Angehörige einer gegebenen Generation geheirathet haben können, ist thatsächlich eine Elementargesammtheit, da die eine Hälfte des abgegrenzten Stückes unterhalb der Minimalgrenze des Trauungsalters für das eine oder das andere Geschlecht fällt und folglich keinen Punkteninhalt besitzt.

so kann die neue Ehe allenfalls als Ersatz der aufgelösten angesehen werden.

Dass man die Verbindungen der männlichen Getrauten der einen Generation mit den weiblichen der anderen, und die der weiblichen der ersteren mit den männlichen der zweiten nach demselben Verfahren gesondert untersuchen kann, versteht sich von selbst.

---

74. Die Ehen bilden die normale Vorbedingung der Geburten, die wir in unserer bisherigen Erörterung als das ursprünglich Gegebene betrachtet haben. So schlingt sich die Bewegung der Bevölkerung gewissermassen zu einem Kreislaufe zusammen. Dieselben Geburten, die passiv aufgefasst, die Punkte der Geburtenaxe bestimmen, erscheinen nach ihrer activen Bedeutung in der Punktenebene als bedeutsame Lebensmomente der Ehepaare.

Insbesondere verdienen ihre Beziehungen zu den verehelichten Frauen eine genauere Untersuchung.

Wir bezeichnen daher in den Lebensordinaten der Mütter jede Geburt in der dem Alter der Gebärenden entsprechenden Höhe durch einen Punkt, den wir Reproductionspunkt nennen wollen. — Selbstverständlich könnte man je nach dem Geschlecht der Kinder zwei Arten solcher Punkte unterscheiden.

Im Leben des Vaters könnte man die Geburt durch einen conjugirten Punkt bezeichnen, der auf einer durch den Reproductionspunkt gehenden schrägen z-Linie liegen würde, und zwar in einem dem Alter des Vaters entsprechenden Abstande von der Axe ON (Fig. 3). Dieselbe z-Linie bestimmt zugleich den Geburtspunkt in der Geburtenaxe, welcher dem Reproductionspunkt in der Ebene entspricht.

Die Geburtspunkte in der Strecke $P' P''$ z. B. sind also die schrägen Projectionen der Reproductionspunkte in den Streifen $P' P'' \Phi' \Phi''$.

Man sieht zugleich, dass eine quadratische Hauptgesammtheit von Reproductionspunkten zu Geburtspunkten gehört, die in einer Strecke von zwei Zeitmasseinheiten gehören, während die nach der Einheit abgemessenen zweiten und dritten Hauptgesammtheiten sich in eine Geburtsstrecke gleich 1 projiciren.

Es wird sich vor allem darum handeln, die Reproduction gleichalteriger Frauen aus einer gegebenen Generation zu bestimmen.

Zur möglichst genauen Lösung der Aufgabe wäre die Kenntniss der Elementargesammtheiten der Reproductionspunkte erforderlich, d. h. es müssten die Geburten eines jeden Jahres in der Gruppirung nach Geburtsjahr und Altersclasse der Mutter gegeben sein.

Handelt es sich um die Frauen aus der Geburtsstrecke BB' und ist $B'm$ das niedrigste und $B'\beta'$ das höchste gebärfähige Alter (wir geben also der Altersgrenzlinie ΩX in diesem Falle eine andere Bedeutung, als sie bisher hatte), so würde man aus jenen Daten, wenn sie für eine die Periode der Gebärfähigkeit übersteigende Reihe von Jahren gegeben wäre, zunächst fesstellen können, wie viele Geburten aus dieser Generation von Verehelichten hervorgegangen seien.

Diese Reproductionsziffer dividirt durch die Zahl der ersten Ehen, die überhaupt in der Generation in den Grenzen der Gebärfähigkeit geschlossen worden, würde einen charakteristischen für Ausdruck die gesammte Fruchtbarkeit der betrachteten Gruppe verehelichter Frauen geben. Obwohl sich unter den Kindern auch solche aus wiederholten Ehen befinden mögen, nehmen wir doch die Zahl der ersten Ehen als Divisor, da eben diese angibt, wie viele Individuen aus der gegebenen Geburtsstrecke überhaupt in die Lage gekommen sind, eheliche Kinder zu gebären.

Wenn übrigens die Quotienten jener Art als Maass der ehelichen Fruchtbarkeit der Frauen für verschiedene Generationen vergleichbar sein sollen, so muss angenommen werden, dass die Heirathen, Ehelösungen und Wiederverheirathungen sich in jeder Generation auf die einzelnen Altersclassen in annähernd gleichen Verhältnissen vertheilen. Die alsdann noch hervortretenden Differenzen der Quotienten würden bedingt sein einestheils durch die Fruchtbarkeit der Frauen, anderntheils aber auch durch die Zeugungsfähigkeit der mit ihnen verbundenen Männer.

Wir verkennen allerdings nicht, dass die Grenze der Gebärfähigkeit der Frauen sich nur mit einer grossen Willkür ziehen lässt. Man könnte es daher auch in mancher Beziehung für zweckmässiger halten, die Gesammtzahl der ersten Ehen der Frauen einer Generation als Divisor zu nehmen.

Macht man die Gesammtzahl der von der betrachteten weiblichen Generation überhaupt geschlossenen Ehen zum Divisor, so wird der Gesichtspunkt ein etwas verschiedener, aber in einem gewissen Sinne ebenfalls berechtigter.

75. Ferner wäre es von Interesse, die eheliche Fruchtbarkeit der Frauen in den einzelnen Altersclassen einer Generation festzustellen. Sie wäre auszudrücken durch den Quotienten aus einer quadratischen Hauptgesammtheit von Reproductionspunkten und der Zahl der Ehefrauen an der unteren Grenze dieser Gesammtheit. Dies Verfahren entspricht

allerdings nicht genau demjenigen, das bei der Bestimmung des Nubilitätsverhältnisses, des Verwittwungsverhältnisses u. s. w. befolgt worden ist, insofern keine genauere Rücksicht genommen wird auf die Ehelösungen (durch Tod der Frau), die innerhalb der Grenzen der quadratischen Hauptgesammtheit vorkommen. Es ist dies desshalb nicht thunlich, weil diese Ehelösungen in solche unterschieden werden müssten, die vor, und in solche, die nach einer Geburt in den Grenzen der Hauptgesammtheit erfolgt wären.

Hat eine Zählung der verehelichten Frauen aus dem Geburtsjahre n (gleichviel in welcher Ehe stehend) am Ende des Kalenderjahres z die Zahl F ergeben, ist p die quadratische Hauptgesammtheit von Reproductionspunkten zwischen den Altersgrenzen $z-n$ bis $z-n+1$, und e die Zahl der gestorbenen Ehefrauen in dem unteren Elementardreieck des betrachteten Quadrats, so ist annähernd das Fruchtbarkeitsverhältniss für diese Altersclasse gleich $\frac{p}{F+e}$.

Die oben vorausgesetzte Erhebung der Elementargesammtheiten der Reproductionspunkte ist indess von der amtlichen Statistik vorerst wohl nicht zu erwarten. In Schweden allerdings werden die Geburten nach der Altersclasse der Mutter unterschieden, also dritte Hauptgesammtheiten von Reproductionspunkten gegeben; die Zollvereinscommission hat ein Formular vorgeschlagen, das fünfjährige Altersclassen der Mutter combinirt mit der Altersdifferenz der beiden Ehegatten, und der statistische Congress im Haag hat ebenfaalls Erhebungen über das Alter der Eltern vorgeschlagen. Im allgemeinen aber werden bisher nur dritte Hauptgesammtheiten von Reproductionspuncten zwischen der niedrigsten und der höchsten Grenze des gebärfähigen Alters mitgetheilt, d. h. einfach die Zahl der ehelichen Geburten in den Kalenderjahren oder deren Unterabtheilungen.

Immerhin kann man auf Grund dieser Angabe in roher Näherung wenigstens das allgemeine Fruchtbarkeitsverhältniss einer Generation ausdrücken. Es müsste zu diesem Zwecke angenommen werden, dass für eine lange Reihe von weiblichen Generationen innerhalb derselben Altersgrenzen die Trauungs-, Lösungs- und Reproductionspunkte gleichmässig vertheilt seien. Es würde dann das Parallelogramm $c_1\, d_3\, f\, h$ ebenso viele Punkte der drei Arten enthalten, wie das Quadrat $a_3\, a_4\, p_3\, p_4$. Bezeichnet nun wieder $\Omega\, X$ die obere und $a_1\, p_1$ die untere Grenze des geburtsfähigen Alters, so ist also unter jener Hypothese die Zahl der Reproductionspunkte in dem einer weiblichen Jahresgeneration entsprechenden Rechteck

$a_1 p_1 \Pi' \Pi''$ gleich der (constanten) Zahl der Geburten eines Kalenderjahres, die als Reproductionspunkte in dem Streifen $a_1 p_1 \Phi'' \zeta$ vertheilt erscheinen. Diese Geburtenzahl ist also zu dividiren durch die (ebenfalls constante) Zahl der ersten Ehen, die in einem Jahre von weiblichen Personen in gebärfähigem Alter geschlossen werden, um einen ungefähren Näherungswerth der ehelichen Fruchtbarkeit einer weiblichen Generation zu erhalten.

Da es sich ohnehin nur um eine Näherung handelt, kann man auch die Gesammtzahl der ersten Ehen, oder auch nach dem gewöhnlichen Verfahren die Gesammtzahl der Ehen als Divisor nehmen. Im letzteren Falle ist die Bedeutung des Quotienten einigermassen modificirt.

76. Sind die dritten Hauptgesammtheiten der Reproductionspunkte nach einjährigen Altersclassen gegeben, so kann man den wirklichen Fruchtbarkeitsverhältnissen schon weit näher kommen. Man ersetzt die unbekannten verschiedenartigen Punkteninhalte z. B. der Quadrate $c_2\, m\, l\, m_1$, $c_1\, c_2\, m_1\, d_1$, $c_1\, d_1\, e\, g_1$ durch die gleichnamigen Punkteninhalte der Parallelogramme $l\, l_2\, m\, m_1$, $c_2\, d_1\, d\, m_1$, $c_1\, d_1\, e\, g$, welche die unteren Elementardreiecke mit jenen Quadraten gemein haben. Die dadurch bedingten Fehler werden verhältnissmässig um so kleiner, je mehr Jahresgenerationen man zusammenfasst.

In dem Ausdruck des speciellen Fruchtbarkeitsverhältnisses $\frac{p}{F+e}$ würde man also für p die benachbarte dritte Hauptgesammtheit von Reproductionspunkten einsetzen; F wäre aus Zählungsergebnissen zu bestimmen, und die Elementargesammtheit e, welche nur durch den Tod der Frau verursachte Ehelösungen enthält, würde sich ebenfalls wenigstens näherungsweise ermitteln lassen.

Es sind in neuester Zeit noch andere Erhebungen in Vorschlag gebracht worden, die für die Kenntniss des thatsächlichen Zustandes der ehelichen Reproduction von Interesse sind. Hierher gehört die Angabe der Zahl der Kinder, die aus den gelösten Ehen hervorgegangen sind. Ein ungefährer Näherungswerth der ehelichen Fruchtbarkeit, der praktisch ohne grosse Schwierigkeit bestimmbar wäre, würde sich ergeben, wenn man diese Kinderzahl in einem oder mehreren Erhebungsjahren dividirte durch die Zahl der in denselben Jahren gelösten Ehen.

Theoretisch wäre es auch wünschenswerth, zu constatiren, wie viele Kinder die gestorbenen Frauen überhaupt geboren haben. Diese Angaben combinirt mit dem Geburtsjahr der verstorbenen Frauen würde eine directe Bestimmung des allgemeinen Fruchtbarkeitsverhältnisses einer verehelichten weiblichen Generation gestatten, allerdings erst, nachdem dieselbe bis zum Aussterben verfolgt worden.

Doch würde man auch schon vorher die Fruchtbarkeit der Generation bis zu einem gegebenen Zeitpunkt bestimmen können, wenn neben jenen Angaben über die Kinderzahl der Verstorbenen durch die Volkszählungen auch ermittelt würde, wie viele Kinder die zur Zählungszeit lebenden Frauen aus einem bestimmten Geburtsjahr überhaupt zur Welt gebracht haben. Diese letztere Zahl plus der Kinderzahl der verstorbenen Frauen seit dem Beginn der Gebärfähigkeit der betrachteten Generation würde also zu beziehen sein auf die Summe der zur Zählungszeit lebenden Frauen der Generation und der bis dahin bereits verstorbenen, mit Einschluss der kinderlosen Verehelichten.

Allerdings würden in diesem Falle die Gesammtheiten der Gebärenden und Geborenen durch eine Zeitgrenzlinie und nicht durch eine Altersgrenzlinie abgeschlossen sein, aber trotzdem dürfte das gegenseitige Verhältniss beider ein Interesse bieten; überdies würde man jenen Umstand auch näherungsweise corrigiren können.

Eine weitere Einsicht in die Reproductionsverhältnisse erhält man, wenn angegeben wird, das wie vielte Kind der Mutter das neugeborene sei, und zugleich das Geburtsjahr der Mutter festgehalten wird.

Es seien diese Zahlen für eine Reihe von Kalenderjahren gegeben, welche die ganze Periode der Gebärfähigkeit einer weiblichen Generation umfasst.

Ist m die höchste Kinderzahl, die beobachtet worden, so weiss man also, dass in dieser Generation im Ganzen vorgekommen sind:

> a Geburten mit der Ordnungszahl m, b Geburten mit der Ordnungszahl $m-1$, c Geburten mit der Ordnungszahl $m-2$, ... i Geburten mit der Ordnungszahl 2 und k Geburten mit der Ordnungszahl 1.

Folglich haben a Frauen im Ganzen m mal, $b-a$ Frauen im Ganzen nur $m-1$ mal, $c-b$ Frauen im Ganzen nur $m-2$ mal, $k-i$ Frauen nur einmal geboren.

Die Gesammtzahl derjenigen, die überhaupt geboren haben, ist gleich der beobachteten Zahl der Erstgeburten. Ist ferner ε die Zahl der ersten Ehen, die von dieser Generation geschlossen worden sind (gleich der Zahl der Angehörigen derselben, die überhaupt in die Lage gekommen sind, eheliche Kinder zu gebären), so ist $\varepsilon-k$ die Zahl der Unfruchtbaren.

So erhält man also Aufschluss über die Vertheilung der Fruchtbarkeit unter den Frauen einer Generation.

Man kann selbstverständlich eine partielle Untersuchung dieser Art auch schon vor Ablauf der Fruchtbarkeitsperiode der Generation für einen bestimmten Zeitpunkt anstellen.

Wie es mit den Todtgeborenen, den Mehrgeburten und der Unterscheidung nach dem Geschlechte zu halten sei, wollen wir hier nicht weiter erörtern.

Auch bedarf es keiner besonderen Ausführung, wie weit die obigen Untersuchungen auch auf die uneheliche Fruchtbarkeit ausgedehnt werden kann.

Zum Schlusse dieses Abschnittes heben wir nochmals hervor, dass wir es nicht für die Aufgabe der amtlichen Statistik halten, alle in demselben berührten Fragen zu behandeln. Wir wollten nur darlegen, welche Consequenzen sich aus der Forderung ergeben, dass die Veränderungen einer bevölkerungsstatistischen Masse gewissermassen naturwissenschaftlich verfolgt werden sollen. Jedenfalls aber glauben wir, dass manche der neuen Aufgaben wenigstens für kleinere Gebiete ohne allzu grosse Schwierigkeit gelöst werden könnten.

V. Anwendung der Wahrscheinlichkeitsrechnung auf die Erscheinungen des Bevölkerungswechsels.

77. In den vorhergehenden Abschnitten sind die Methoden entwickelt worden, nach denen Veränderungen einer bevölkerungsstatistischen Masse sei es theoretisch genau oder mit einer dem praktisch zugänglichen Material entsprechenden Näherung beobachtet werden können. Vorzugsweise haben wir die Mittel gesucht, um Reihen von Massen aufzustellen, von denen jede aus der nächstvorhergehenden dadurch hervorgegangen ist, dass eine Anzahl von Angehörigen der letzteren in einen bestimmten neuen Zustand getreten ist oder ein bestimmtes neues Merkmal erhalten hat.

Haben wir aber auch in dieser Weise das theoretische Schema mit empirischem Stoffe ausgefüllt, so ist dadurch doch zunächst nichts weiter erreicht, als eine systematische Gruppirung von Beobachtungsdaten, die zu einander in gewissen thatsächlichen Beziehungen stehen. Von einer Theorie der Erscheinungen im Sinne der physikalischen Wissenschaften sind wir auf diesem Standpunkte noch weit entfernt; denn eine solche würde verlangen, dass wir die beobachteten thatsächlichen Beziehungen in exacter Weise auf ihre Ursachen zurückführten und aus der Kenntniss der Ursachen feststellten, wie sich die analogen Erscheinungen in der Zukunft wiederholen würden.

Nehmen wir den möglichst einfachen Fall, die Veränderungen, welche eine Masse Gleichalteriger durch die Sterblichkeit ihrer Mitglieder von Altersclasse zu Altersclasse erleidet. Die Ueberlebens- und Sterbeordnung derselben können wir genau oder näherungsweise feststellen, aber über das System von Ursachen, vermöge dessen aus L_a Lebenden in der $(a+1)$ten Altersclasse m_{a+1} sterben, sagen uns diese Zahlenreihen nichts. In jedem einzelnen Falle können wir zwar die Todesursache beobachten, aber diese Erkenntniss gewährt uns keinen Aufschluss über die Frage, wesshab im Ganzen m_{a+1} Personen gestorben und $L_a - m_{a+1}$ lebend geblieben sind. Sie dient höchstens dazu, um uns von der ausserordentlichen Mannichfaltigkeit der Bedingungen des Sterbens und Ueberlebens zu überzeugen und zu dem Geständniss zu nöthigen, dass wir nicht hoffen dürfen, die Gründe des Zusammentreffens und die Verbindung dieser Bedingungen zu durchdringen und zu analysiren.

Kann aber die innere Natur des Verursachungssystems, welches eine gegebene Massenerscheinung der Sterblichkeit bedingt, nicht aufgedeckt und zergliedert werden, so wird die naturwissenschaftliche Aufgabe der Bevölkerungsstatistik auf die Untersuchung beschränkt, ob die wirkenden unbekannten Ursachensysteme einem regellossen Wechsel unterworfen sind, oder ob sie sich mit einer gewissen Constanz behaupten. Im letzteren Falle werden auch in den beobachteten Resultaten gewisse Regelmässigkeiten hervortreten, und umgekehrt kann man aus solchen beobachteten Regelmässigkeiten auf eine annähernde Constanz der Ursachensysteme zurückschliessen.

78. Aus diesen Bemerkungen ergibt sich sofort, dass die naturwissenschaftliche Untersuchung der statistischen Massenerscheinungen nur die Aufgabe hat, die inneren Beziehungen derselben in der Form darzulegen, welche der Wahrscheinlichkeitsrechnung eigenthümlich ist.

Wir haben es zu thun mit einer gewissen Zahl von Fällen eines Anfangszustandes, aus denen eine gewisse Zahl von Fällen eines Endzustandes hervorgeht; von den zwischen Anfangs- und Endzustand liegenden physischen Processen wissen wir als Statistiker ebensowenig, wie von den complicirten Bewegungen eines rollenden Würfels, bei dem uns nur die Lage interessirt, in der er zur Ruhe kommt.

Wir stellen L_a lebende a-jährige gleichsam ein Lebensjahr lang auf die Probe, indem wir jeden einer äusserst verwickelten Mannigfaltigkeit von lebensgefährdenden Ursachen oder Todeschancen[1]) aussetzen, und wir beobachten, wie viele in der gegebenen Altersstrecke von dem drohenden Schlage wirklich getroffen werden.

Nehmen wir nun zunächst an, dass sich alle Individuen der betrachteten gleichalterigen Masse dem System der Todeschancen gegenüber gleichartig verhalten, so wird das Verhältniss der beobachteten Zahl der Todesfälle zu der Zahl der exponirten Lebenden ein Maass für die effective Wirksamkeit der Todeschancen werden, und zwar wird dieses Maass um so genauer, je grösser die Zahl der gleichartigen Lebenden ist, die dem Chancensystem gegenüber gestellt worden sind. Wäre diese Zahl unendlich gross, so würde jenes Verhältniss die genaue Sterbenswahrscheinlichkeit jedes einzelnen der exponirten gleichartigen Lebenden im $(a+1)$ten Altersjahr darstellen.

Diese Sterbenswahrscheinlichkeit ist also der einzige Ausdruck, durch den wir das System der Todeschancen charakterisiren können, und wir betrachten das System als constant, so lange es dieselbe Sterbenswahrscheinlichkeit der Gleichartigen bedingt.

Auch wenn wir diese Sterbenswahrscheinlichkeit nicht genau bestimmen können — und die genaue Bestimmung würde ja unendlich viele Beobachtungen voraussetzen — so nehmen wir doch an, dass sie mit einem bestimmten Werth den Erscheinungen zu Grunde liegt.

79. Wir haben oben angenommen, dass die exponirten Lebenden sich dem System der Todeschancen gegenüber gleichartig verhalten, d. h., dass alle Individuen a priori mit gleicher Leichtigkeit unter den Einfluss jeder tödtlich wirkenden Ursachencombination gerathen können.

Unter dieser Voraussetzung müsste man nicht nur, wenn man die ganze Gesammtheit rein zufällig in Unterabtheilungen zerlegte, sondern auch bei einer planmässigen Gruppenbildung nach bestimmten Merkmalen für jede Unterabtheilung ungefähr denselben Näherungswerth der Sterbenswahrscheinlichkeit finden, und die Abweichungen dieser Näherungswerthe unter sich dürften gewisse theoretisch bestimmbare Grössen nicht übersteigen.

Wenn man aber die a-jährige Bevölkerung eines Landes nach Körperconstitution, Lebensweise, ökonomischer Lage u. s. w. in Gruppen zerlegte,

---

[1]) Mit dem Worte „Chance" bezeichnen wir im Folgenden eine Bedingung, die sich von einer Ursache im eigentlichen Sinne dadurch unterscheidet, dass sie nicht mit Gewissheit, sondern nur mit einer bestimmten Wahrscheinlichkeit eine Wirkung von bestimmter Art hervorbringt.

so unterliegt es keinem Zweifel, dass die einzelnen Gruppen erheblich von einander abweichende Sterbenswahrscheinlichkeiten aufweisen würden.

Die Individuen sind also dem vorausgesetzten System der Todeschancen gegenüber nicht als sämmtlich gleichartig anzusehen, oder, was auf dasselbe hinausläuft, es ist eine unbekannte Anzahl von Gruppen vorauszusetzen, welche verschiedenen Systemen von Todeschancen unterworfen sind.

Bezeichnen wir diese verschiedenen Chancensysteme mit $C_1, C_2, C_2 .. C_n$, so sind dieselben charakterisirt durch die Sterbenswahrscheinlichkeiten $c_1, c_2, c_3, \ldots c_n$, welche sie in den ihnen unterworfenen Gruppen von Individuen erzeugen. Die Wahrscheinlichkeit aber, dass ein zufällig aus der Masse gegriffenes Individuum einer bestimmten Gruppe angehöre, d. h. die Wahrscheinlichkeit, dass das Chancensystem C_1, $C_2 \ldots$ oder C_n, in einem bestimmten Versuchsfalle zur Wirkung komme, hängt von der Grösse der Gruppen ab, und sei beziehungsweise durch $\gamma_1, \gamma_2, \gamma_3 \ldots \gamma_n$ bezeichnet.

Jedes zufällig ausgewählte Individuum könnte also n verschiedene Sterbenswahrscheinlichkeiten haben. Aber das Vorhandensein dieser einzelnen Sterbenswahrscheinlichkeiten $c_1, c_2, c_3 \ldots c_n$ ist wieder verschieden wahrscheinlich, entsprechend den Werthen $\gamma_1, \gamma_2, \gamma_3 \ldots \gamma^n$, von denen wir nur wissen, dass ihre Summe gleich 1 ist, weil eines der möglichen Chancensysteme in jedem Versuchsfalle vorhanden sein muss.

Es ist nun leicht zu ersehen, dass die Sterbenswahrscheinlichkeit des zufällig ausgewählten Individuums a priori nach den Regeln der zusammengesetzten Wahrscheinlichkeit ausgedrückt wird durch

$$\gamma_1 c_1 + \gamma_2 c_2 + \gamma_3 c_3 + \ldots \gamma_n c_n = R.$$

Dieser Ausdruck bleibt für alle Fälle derselbe, so lange sich das Totalsystem der Todeschancen nicht ändert, d. h. so lange jedes Partialsystem dieselbe Wahrscheinlichkeit des Vorhandenseins und der tödtlichen Wirkung behält.

Man könnte nun die Grösse R wie eine gewöhnliche, für alle Individuen der Masse gleiche Sterbenswahrscheinlichkeit behandeln, unter der Bedingung, dass man immer nur solche Gruppen hinsichtlich ihrer Sterblichkeit mit einander vergliche, die zufällig, d. h. ohne irgend eine Rücksicht auf die Verschiedenheit der Chancensysteme zusammengesetzt wären.

Es scheint uns indessen zur besseren Vergegenwärtigung des Zusammenhanges der statistischen Erscheinungen zweckmässiger, die Vorstellung von der Zusammensetzung der Grösse R festzuhalten. Wir haben uns alsdann an die allgemeinen Sätze über die veränderlichen und die mittleren

Wahrscheinlichkeiten zu halten, die namentlich von Poisson umständlich bewiesen worden sind.[1])

80. Der Ausdruck R charakterisirt das Totalsystem der Todeschancen, welchen die betrachtete Gesammtheit im $(a+1)$ten Lebensjahre ausgesetzt ist. Wir wollen ihn fortan die **totale** Sterbenswahrscheinlichkeit dieser Altersclasse nennen.

Die Elemente, aus denen R zusammengesetzt ist, sind uns unbekannt; den ganzen Werth der Grösssc aber kann man für jede Gesammtheit von Beobachtungen wenigstens annähernd bestimmen.

Die unmittelbaren Beobachtungen mögen ergeben haben, dass von L gleichsam auf die Probe gestellten gleichalterigen Lebenden m im Laufe eines bestimmten Lebensjahres gestorben sind. Diese Lebenden können zu n verschiedenen Gruppen mit den besonderen Systemen von Todeschancen C_1, C_2, C_3 ... C_n und demnach mit den besonderen Sterbenswahrscheinlichkeiten $c_1, c_2, c_3 \ldots c_n$ gehören. Betrachten wir diese Individuen in irgend einer Reihenfolge nach einander, so weisen sie in bunter Folge und verschiedenfacher Wiederholung je eine der n möglichen Sterbenswahrscheinlichkeiten auf.

Nun sei $(c)_x$ die Sterbenswahrscheinlichkeit, welche dem $x$ten der beobachteten Individuen zukommt. Dann ist die mittlere Sterbenswahrscheinlichkeit der beobachteten Gesammtheit von L Mitgliedern gleich $\frac{1}{L}\Sigma(c)_x$, wenn die Summirung sich von $x=1$ bis $x=L$ erstreckt.

Ist nun L eine so grosse Zahl, dass man Grössen von der Ordnung $\frac{1}{\sqrt{L}}$ ohne merklichen Fehler vernachlässigen kann, so besteht nach einem von Poisson bewiesenen Satze die Wahrscheinlichkeit F_u dafür, dass höchstens resp. mindestens

$$\frac{m}{L}=\frac{1}{L}\,\Sigma(c)_x \pm \frac{u}{\sqrt{L}}\sqrt{\frac{2\,\Sigma(c)_x(1-(c)_x)}{L}} \qquad (\mu).$$

[1]) Lehrbuch der Wahrscheinlichkeitsrechnung, deutsch von Schnuse, Braunschweig 1841, Cap. IV. Vgl. auch Cournot, Grundlehren der Wahrscheinlichkeitsrechnung, deutsch von Schnuse, Braunschweig 1849. S. 110 ff. — Von dem Laplace'schen Gesichtspunkte hat Wittstein die Hauptanwendungen der Wahrscheinlichkeitsrechnung auf die Mortalitätsstatistik entwickelt in seiner Abhandlung „Mathematische Statistik", Hannover 1867.

F_u aber ist eine gewisse Function von u, die mit wachsendem u der Einheit immer näher kommt und dieselbe schon bei verhältnissmässig kleinen Werthen von u, z. B. 3 oder 4, bis auf kleine Bruchtheile erreicht.[1]) Setzt man $u = 3$, so ist $F_u = 0{,}999978$, d. h. man kann ungefähr 45000 gegen 1 wetten, dass die Grenzbestimmung (μ) (mit $u = 3$) richtig ist.

Ohne den genauen Werth der mit $\pm$ versehenen Grösse rechter Hand zu kennen, sieht man doch sofort, dass dieselbe durch Vergrösserung von L immer mehr verkleinert werden kann. Folglich kann man durch Annahme eines hinlänglich grossen L mit einer der Gewissheit beliebig nahe kommenden Wahrscheinlichkeit bewirken, dass bis auf eine verschwindend kleine Differenz $\frac{m}{L} = \frac{1}{L}\Sigma(c)_x$ wird, d. h. bei sehr grossem L kann man ohne Bedenken die unbekannte mittlere Wahrscheinlichkeit $\frac{1}{L}\Sigma(c)_x$ der durch die Beobachtungen gegebenen Grösse $\frac{m}{L}$ gleichsetzen.

Andererseits aber liegt, wie Poisson ebenfalls bewiesen hat, die mittlere Wahrscheinlichkeit $\frac{1}{L}\Sigma(c)_x$ mit der Wahrscheinlichkeit F_u zwischen den Grenzen:

$$R \pm \frac{u}{\sqrt{L}} \sqrt{2\,\Sigma\gamma\, c^2 - 2\,R^2}$$

---

[1]) Die folgende kleine Tabelle gibt eine Vorstellung von dem Gange des Werthes dieser Function:

u	F_u	u	F_u
0,10	0,11246	1,50	0,966105
0,20	0,22270	2,00	0,995322
0,30	0,32863	2,50	0,999593
0,40	0,42839	3,00	0,999977909
0,50	0,52050	4,00	0,999999985
1,00	0,84270	5,00	0,999999999998

Für $u = 0{,}476963$ ist $F_u = \frac{1}{2}$.

Für den Mathematiker ist es unnöthig, beizufügen, dass F_u die bekannte Function $\frac{2}{\sqrt{\pi}}\int_0^u e^{-t^2}\,dt$ bezeichnet. Vollständigere Tabellen über die Werthe derselben findet man u. a. bei Quételet, lettres sur la théorie des probabilités p. 389, bei Cournot l. c. S. 221, in Gehlers physikalischem Wörterbuch, Band X, Art. Wahrscheinlichkeitsrechnung S. 1226.

wo R die oben angegebene Bedeutung hat und

$$\Sigma \gamma c^2 = \gamma_1 c_1{}^2 + \gamma_2 c_2{}^2 + \dots \gamma_n c_n{}^2.$$

Auch diese Grenzen ziehen sich bei wachsendem L immer mehr zusammen, und wenn man u gleich 3 oder 4 setzt, so erhält man beinahe die Gewissheit, dass die unbekannte Totalwahrscheinlichkeit R von der mittleren Wahrscheinlichkeit $\frac{1}{L}\Sigma(c)_x$ und folglich auch von der beobachteten Grösse $\frac{m}{L}$ nur sehr wenig abweicht.

Es ist leicht, sich von diesen Ergebnissen durch einen ungefähren Ueberschlag Rechenschaft zu geben. Unter den L Beobachtungsfällen wird die Sterbenswahrscheinlichkeit c_1 z. B. s_1 mal vorkommen, und wenn L hinlänglich gross ist, so wird wahrscheinlich $\frac{s_1}{L}$ der abstracten Wahrscheinlichkeit des Chancensystems C_1, also der Grösse γ_1 sehr nahe kommen. Da aber die mittlere Wahrscheinlichkeit

$$\frac{1}{L}\Sigma(c)_x = \frac{1}{L}(s_1 c_1 + \dots s_n c_n)$$

so wird sie wahrscheinlich bei grossem L von dem Werthe

$$R = \gamma_1 c_1 + \gamma_2 c_2 + \dots \gamma_n c_n$$

wenig verschieden sein.

Andererseits kommen auf s_1 Fälle, in denen die Sterbenswahrscheinlichkeit c_1 vorliegt, wahrscheinlich $s_1 c_1$ Sterbefälle vor, und demnach ist mit einer grossen Wahrscheinlichkeit zu erwarten, dass

$$s_1 c_1 + s_2 c_2 + \dots s_n c_n$$

nahezu gleich ist der Zahl der wirklich beobachteten Sterbefälle, also gleich m; folglich wird R auch wahrscheinlich nicht weit von $\frac{m}{L}$ abweichen. Bei solchen Schätzungen aber bleibt man über die Genauigkeit der vermutheten Resultate im Dunkeln. Und gerade darauf müssen wir bedacht sein, ein Maass der Genauigkeit zu erhalten, mit der wir von den Beobachtungen auf den unbekannten Werth R schliessen können.

81. In dieser Hinsicht ergibt sich nun nach einem dritten von Poisson bewiesenen Satze eine unmittelbar numerisch ausdrückbare Grenzbestimmung.

Setzen wir die bekannten Grössen $\frac{m}{L}$ und $\frac{L-m}{L}$ resp. gleich p und q, (also $q = 1 - p$) so ist mit der Wahrscheinlichkeit F_u die Unbekannte

R höchstens um $\pm \frac{u}{\sqrt{L}} \sqrt{2pq}$ von $\frac{m}{L}$ verschieden, oder es besteht mit der bezeichneten Wahrscheinlichkeit die Grenzgleichung:

$$R = \frac{m}{L}\left(\pm \frac{u}{\sqrt{L}}\sqrt{2pq}\right.$$

wenn wir durch die einseitige Klammer andeuten, dass R irgend einen Werth in den angegebenen Grenzen haben kann.

Setzt man z. B. $u = 0{,}476936$, so ist $F_u = \frac{1}{2}$, und man kann also 1 gegen 1 wetten, dass die Abweichung der empirischen Grösse $\frac{m}{L}$ von R höchstens $\pm \frac{0{,}476936}{\sqrt{L}} \sqrt{2pq}$ beträgt.

Diese letztere Grösse würde die sogenannte „wahrscheinliche“ Abweichung des Beobachtungsresultates darstellen.

Für die Zwecke der Statistik dürfte es jedoch geeigneter sein, für u eine so grosse Zahl zu nehmen, dass F_u der Einheit sehr nahe kommt, also eine Wahrscheinlichkeit ausdrückt, die in der Praxis der Gewissheit gleich geachtet werden kann. Es genügt, wie oben, u gleich 3 zu setzen, und man erhält alsdann die Wahrscheinlichkeit $F_3 = 0{,}999978$ für die Grenzgleichung:

$$R = \frac{m}{L}\left(\pm \frac{3}{\sqrt{L}}\sqrt{2pq}\right.$$

Die mit dieser Wahrscheinlichkeit zulässige positive und negative Abweichung könnte man als die „äusserste“ Abweichung bezeichnen.

82. Nehmen wir ein Beispiel aus der bayerischen Statistik,[1]) indem wir von der Ungenauigkeit der Hermann'schen Methode absehen. Nach Hermann sind von den 44461 Männlichen ($= L$), die aus der Generation des Verwaltungsjahrs $18^{34}/_{35}$ das Alter von 20 Jahren erreichten, im 21. Jahre 275 ($= m$) gestorben.

Man hat also die Wahrscheinlichkeit F_3, d. h. praktisch die Gewissheit, dass der Quotient $\frac{275}{44461}$ oder 0,00618 höchstens um

$$\pm \frac{3}{\sqrt{44461}} \sqrt{\frac{2.275.44186}{(44461)^2}}$$

[1]) Die in den folgenden Beispielen benutzten Zahlen sind theils den „Beiträgen zur Stat. des Königreichs Bayern“, theils der „Statistique internationale“ von Quételet und Heuschling entnommen.

also um höchstens $\pm$ 0,00158 von der Totalwahrscheinlichkeit R abweicht, welche die Sterblichkeit der betrachteten Gesammtheit im 21. Lebensjahre bedingt hat.

R liegt also vom praktischen Gesichtspunkt mit Gewissheit zwischen den Grenzwerthen 0,00460 und 0,00776.

Dieser Spielraum ist, wie man sieht, noch ziemlich gross. Hätte man aber n mal mehr Lebende und aus diesen auch n mal mehr Verstorbene beobachtet, so würde sich derselbe nach dem Verhältnisse $\frac{1}{\sqrt{n}}$ vermindern, und er kann überhaupt auf beliebig enge Grenzen zusammengezogen werden, wenn man von einer hinlänglich grossen Zahl von Lebenden ausgeht.

Nimmt man in dem obigen Beispiele $u = 0{,}4769$, also $F_u = \frac{1}{2}$, so verkleinert sich Abweichung im Verhältniss 0,4769 : 3, und man erhält die Wahrscheinlichkeit $\frac{1}{2}$, dass der Unterschied zwischen $\frac{m}{L}$ und R höchstens $\pm$ 0,00025 betrage. Es besteht also gleiche Wahrscheinlichkeit dafür, dass R entweder zwischen den Grenzen 0,00593 und 0,00643 oder ausserhalb derselben liege.

In der Regel betrachtet man den empirischen Quotienten $\frac{m}{L}$ ohne weiteres als die Sterbenswahrscheinlichkeit der betreffenden Altersclasse. In Wirklichkeit aber ist diese Grösse nur die relativ wahrscheinlichste Sterbenswahrscheinlichkeit, und wir sehen aus dem Obigen, wie die mit einer gegebenen Wahrscheinlichkeit zulässigen Abweichungen dieses beobachteten Werthes von dem wirklichen von der Zahl der beobachteten Lebenden abhangen.

Zwei Quotienten dieser Art, die für dieselbe Altersclasse aus verschiedenen Zahlen von Lebenden abgeleitet sind, können daher nicht ohne weiteres mit einander verglichen werden, weil die Grenzen ihrer Genauigkeit möglicherweise sehr verschieden sind. Es müssten also die wahrscheinlichen oder die äussersten Abweichungen beigefügt werden, oder es müssten die ursprünglichen absoluten Zahlen mitgetheilt werden, aus denen man jene Abweichungen bestimmen könnte.

Die Bestimmung der äussersten oder der wahrscheinlichen Abweichungen des empirischen Quotienten $\frac{m}{L}$ von der totalen Sterbenswahrscheinlichkeit R ist keineswegs so umständlich, wie sie auf den ersten Blick erscheinen könnte.

Zur Erleichterung der Rechnung findet man am Schlusse dieser Schrift eine Tabelle, in welcher für die Werthe $\frac{m}{L} = p$ in hinlänglich kleinen Abständen die Ausdrücke $\log 3\sqrt{2pq}$ und $\log 0{,}476936\sqrt{2pq}$ zusammengestellt sind.

Man hat also in jedem gegebenen Falle nur den Quotienten $\frac{m}{L} = p$ zu bilden, die dem Argument p möglichst nahe entsprechende Tabellenzahl aufzusuchen, von derselben $\log\sqrt{L}$ abzuziehen und zu dem gefundenen Logarithmus die Zahl aufzusuchen.

In dem obigen Beispiele hat man $\frac{m}{L} = 0{,}00618$; in der Tabelle entspricht dem Argument 0,0062 die logarithmische Grösse

$$\bar{1}.52248 \ (= 0{,}52248 - 1);$$

davon abgezogen $\frac{1}{2}\log 44461$ oder 2.32399 gibt $\bar{3}.19849$, und die Zahl dieses Logorithmus ist 0,001579.

Eine Interpolation mit Hülfe der Differenz Δ wird in den meisten Fällen gar nicht nöthig sein. Es genügt, wie gesagt, das dem gegebenen Werthe p am nächsten kommende Argument zu nehmen, da die Grössen $3\sqrt{pq}$ und $0{,}4769\sqrt{pq}$ mit dem als sehr klein vorausgesetzten Bruche $\frac{1}{\sqrt{L}}$ multiplicirt werden und die Abweichungen nur bis zur 5. oder 6. Decimalstelle angegeben zu werden brauchen.

Selbstverständlich kann man, wenn für eine Reihe empirischer Sterbenswahrscheinlichkeiten derselben Altersclasse die äussersten oder die wahrscheinlichen Abweichungen gegeben sind, aus den letzteren wieder annähernd die zu Grunde gelegten Zahlen der Lebenden bestimmen.

83. Mit der obigen Näherungsbestimmung von R ist indess für die physiologische Einsicht in die Mortalitätserscheinungen noch wenig gewonnen. Die Grösse R charakterisirt allerdings das Totalsystem der Todeschancen, denen die untersuchte Gesammtheit von Lebenden im $(a+1)$ten Lebensjahre ausgesetzt gewesen. Aber die Hauptfrage ist die, ob dieses Totalsystem eine gewisse Constanz besitzt, so dass es auch für irgend eine andere Gesammtheit von a-jährigen in Wirksamkeit bleibt

und in dieser eine ähnliche Sterblichkeit bedingt, wie in der zuerst betrachteten.

Denken wir uns zwei Beobachtungsreihen für L und L' gleichalterige Lebende, aus denen in einer gegebenen Altersclasse resp. m und m' Sterbefälle hervorgegangen seien.

Wenn nun auch wirklich für beide Reihen dieselbe totale Sterbenswahrscheinlichkeit R gilt, so werden doch die Quotienten $\frac{m}{L}$ und $\frac{m'}{L'}$ in Folge zufälliger Störungen gewisse Differenzen aufweisen können, und es erhebt sich zunächst die Frage, welches die vermuthlichen Grenzen dieser Unterschiede sein werden.

Die Antwort folgt aus einem Satze, den Poisson auch für veränderliche Wahrscheinlichkeiten bewiesen hat.

Setzt man $\frac{m}{L} = p$, $\frac{L-m}{L} = q$, $\frac{m'}{L'} = p'$, $\frac{L'-m'}{L'} = q'$, so ist bei gleichem R mit der Wahrscheinlichkeit F_u zu erwarten, dass die Differenz $\frac{m}{L} - \frac{m^1}{L^1}$ zwischen den Grenzen

$$\pm u \sqrt{\frac{2pq}{L} + \frac{2p'q'}{L'}}$$

liegen werden. Setzt man also $u = 3$, so erhält man praktisch die Gewissheit, dass die aus den beiden Beobachtungsreihen hervorgehenden Quotienten, falls R constant bleibt, höchstens um $\pm 3 \sqrt{\frac{2pq}{L} + \frac{2p'q'}{L'}}$ von einander abweichen werden.

Wird also thatsächlich eine grössere Differenz beobachtet, so kann man ohne Bedenken als gewiss annehmen, dass in den beiden Reihen die totale Sterbenswahrscheinlichkeit eine verschiedene, etwa R und R', gewesen sei.

Umgekehrt freilich darf nicht ohne weiteres geschlossen werden, dass in zwei Beobachtungsreihen genau dasselbe R anzunehmen sei, wenn die beobachtete Differenz der Quotienten die oben angegebenen Grenzwerthe nicht erreicht. Dass überhaupt ein Unterschied der Quotienten beobachtet worden ist, gibt der Annahme zweier verschiedener Werthe von R schon ein Uebergewicht über die Voraussetzung eines streng constanten R, und zwar hat man immer die Wahrscheinlichkeit $\frac{1}{2}$ dafür, dass die Differenz der beiden R grösser sei, als die beobachtete Differenz der Quotienten.[1])

Gleichwohl dürfte für die Zwecke der Statistik die praktische Regel zulässig sein, dass man bei zwei gleichartigen grossen Beobachtungsreihen zunächst feststelle, ob die Differenz der beiden Quotienten $\frac{m}{L}$ und $\frac{m'}{L'}$ die oben angegebenen Grenzen überschreitet. Ist dieses nicht der Fall, so ist wenigstens die Möglichkeit vorhanden, dass in beiden Reihen dasselbe R zu Grunde gelegen habe, und man kann bei dieser Annahme stehen bleiben, zumal der etwaige Unterschied der beiden R jedenfalls nur klein sein wird; übersteigt aber der Unterschied der empirischen Quotienten jene Grenzen, so kann man zu einer weiteren Untersuchung schreiten unter der Annahme, dass in den beiden Reihen die totalen Sterbenswahrscheinlichkeiten verschieden seien.

84. So haben wir beispielsweise nach der Hermann'schen Tabelle für die Zwanzigjährigen der Generation $18^{45}/_{46}$ $L' = 43331$ und $m' = 317$. Demnach ist $p' = 0{,}00732$, und die Differenz zwischen diesen Quotienten und dem p des vorhergehenden Beispiels beträgt 0,00114. Nach der obigen Formel aber hat man für $u = 3$ die Wahrscheinlichkeit 0,999978, dass bei gleichem R die Differenz $\frac{m'}{L'} - \frac{m}{L}$ zwischen den Grenzen $\pm 0{,}00235$ liege. Die Annahme eines constanten R ist also wenigstens nicht ausgeschlossen.

---

1) Setzt man die beobachtete Differenz $\frac{m}{L} - \frac{m'}{L'}$, die wir als positiv annehmen wollen, gleich δ und den Ausdruck $\sqrt{\frac{2pq}{L} + \frac{2p'q'}{L'}}$ gleich V, so hat man für die Wahrscheinlichkeit, dass die unbekannte Differenz $R - R'$ grösser sei, als irgend eine gegebene kleine Grösse k,

$$\text{wenn } k > \delta : \frac{1 - F_u}{2}, \text{ wo } u = \frac{k - \delta}{V}$$

$$\text{wenn } k < \delta : \frac{1 + F_u}{2}, \text{ wo } u = \frac{\delta - k}{V}.$$

Die Werthe von F_u sind, dem angegebenen u entsprechend, einer Tabelle zu entnehmen.

Für $k = \delta$ ist $u = 0$, also auch $F_u = 0$, und die beiden angeführten Wahrscheinlichkeiten werden $= \frac{1}{2}$.

Um ein Beispiel mit grösseren Zahlen zu geben, fassen wir die Zwanzigjährigen (in Bayern) aus den sechs Geburtsjahren $18^{34}/_{35}$ bis incl. $18^{39}/_{40}$ einerseits und die aus den sechs Geburtsjahren $18^{40}/_{41}$ bis $18^{45}/_{46}$ andererseits zusammen. Es wird dadurch auch die Ungenauigkeit der Hermann'schen Methode erheblich vermindert.

Die erstere Zahl beträgt 255860, die letztere 264765. Von der ersteren Gesammtheit Zwanzigjähriger starben im 21. Lebensjahre 1547, von der der letztern 1674. Es ist also $\frac{m}{L} = 0{,}00605$, $\frac{m'}{L'} = 0{,}00632$. Als äusserste Abweichung dieser Quotienten von R findet man mit Hülfe unserer Tabelle für beide $\pm$ 0,00065 (die also im Vergleich mit dem ersten Beispiele ungefähr im Verhältniss $\frac{\sqrt{44461}}{\sqrt{255860}}$ kleiner ist.)

Die äusserste Differenz der Quotienten unter sich ergibt sich nach der obigen Formel, indem man die äusserste Abweichung eines jeden von R quadrirt und aus der Summe der Quadrate die Wurzel zieht. Dieselbe ist also gleich $\pm$ 0,00092, und da die beobachtete Differenz nur 0,00027 beträgt, so scheint in der Praxis die Annahme gestattet, dass in beiden Beobachtungsreihen dieselbe totale Sterbenswahrscheinlichkeit R vorhanden gewesen sei.

Vergleichen wir nun aber auch zwei Beobachtungsreihen, in denen von vornherein einigermassen verschiedene Sterblichkeitsverhältnisse zu vermuthen sind. Wir betrachten zu diesem Zweck die Gesammtheit der zwanzigjährigen Männlichen und der zwanzigjährigen Weiblichen, die in Bayern in den 12 Jahren $18^{34}/_{35}$ — $18^{45}/_{46}$ geboren worden, und die aus denselben im 21. Lebensjahre Verstorbenen. Die Ungenauigkeit der Hermann'schen Methode wird bei einer solchen Zusammenfassung jedenfalls nur sehr gering sein.

Man findet für die Männlichen: $\frac{m}{L} = \frac{3221}{520625} = 0{,}006187$

für die Weiblichen: $\frac{m'}{L'} = \frac{2779}{529868} = 0{,}005245$

Die äusserste Abweichung des ersten Quotienten von dem zugehörigen R ist 0,000462, die des zweiten 0,000419.

Wäre R in beiden Reihen gleich, so ergäbe sich als äusserste Differenz $\pm$ 0,000624. Die beobachtete Differenz aber beträgt 0,000942, und wir können folglich mit genügender Sicherheit behaupten, dass die totalen

Sterbenswahrscheinlichkeiten bei den betrachteten Gesammtheiten von verschiedenem Geschlecht verschieden gewesen seien.

85. Wenn nun auf diese Weise festgestellt ist, dass den Ergebnissen zweier Beobachtungsreihen zwei verschiedene totale Wahrscheinlichkeiten zu Grunde liegen, so wird man zu der weiteren Frage geführt, wie gross der muthmassliche Unterschied von R und R' sein dürfte. Die Beantwortung derselben ist um so interessanter, als diese Differenz gewissermassen die besonderen Einflüsse charakterisirt, durch welche sich die Sterblichkeitsverhältnisse der beiden beobachteten Gesammtheiten specifisch unterscheiden.

Nehmen wir an, die jeder der beiden Reihen entsprechende Totalwahrscheinlichkeit habe einen bestimmten unveränderlichen Werth, so dass man die der Gewissheit fast gleiche Wahrscheinlichkeit F_3 hat, dass

$$\frac{m}{L} = R \left(\pm \frac{3}{\sqrt{L}} \sqrt{2pq}\right.$$

$$\frac{m'}{L'} = R' \left(\pm \frac{3}{\sqrt{L'}} \sqrt{2p'q'}\right.$$

so erhält man dieselbe grosse Wahrscheinlichkeit F_3 dafür, dass [1])

$$\frac{m}{L} - \frac{m'}{L'} = R - R' \left(\pm 3 \sqrt{\frac{2pq}{L} + \frac{2p'q'}{L'}}\right.$$

Setzt man also $R - R' = K$, so kann man vom praktischen Gesichtspunkt mit genügender Sicherheit behaupten, dass K zwischen den Grenzen

$$\frac{m}{L} - \frac{m'}{L'} + 3 \sqrt{\frac{2pq}{L} + \frac{2p'q'}{L'}} \text{ und } \frac{m}{L} - \frac{m'}{L'} - 3 \sqrt{\frac{2pq}{L} + \frac{2p'q'}{L'}}$$

liegen werde.

In dem letzten Beispiele des vorigen Paragraphen ist $p - p' = 0{,}000942$ und der Ausdruck $\pm 3 \sqrt{\frac{2pq}{L} + \frac{2p'q'}{L'}} = \pm 0{,}000624$; man erhält also als Grenzwerthe der specifischen Differenz K die Grössen 0,000318 und 0,001566.

---

[1]) Der Beweis lässt sich ganz nach der Methode führen, welche Poisson l. c. S. 258 unter der Annahme eines in beiden Reihen gleichen R befolgt. Uebrigens ist die Aufgabe im wesentlichen dieselbe wie die, den wahrscheinlichsten Werth und den wahrscheinlichen Fehler der linearen Function $x - x'$ zu finden, wenn die wahrscheinlichsten Werthe von x und x' und deren wahrscheinliche Fehler gegeben sind. Jedoch nehmen wir hier statt der wahrscheinlichen die äussersten Fehler.

Einige ähnliche Beispiele aus der bayerischen Statistik mögen hier noch angeschlossen werden.

Aus der zehnjährigen Geburtsstrecke $18^{40}/_{41}$ bis $18^{49}/_{50}$ erreichten 532028 Knaben das Alter von 1 Jahr und es starben von diesen im Laufe des zweiten Lebensjahres 29245. Der Quotient $\frac{m}{L}$ ist also 0,05497.

Für das folgende Jahreszehnt $18^{50}/_{51}$ — $18^{59}/_{60}$ findet man den entsprechenden Quotienten $\frac{28719}{520274} = 0{,}05519$.

Unter der Hypothese eines constanten R in beiden Reihen sind die Grenzen, in denen die Differenz jener beiden Quotienten mit der Wahrscheinlichkeit F_3 liegen werden, $\pm$ 0,00189, und da die beobachtete Differenz $\frac{m'}{L'} - \frac{m}{L}$ nur 0,00022 beträgt, so scheint jene Hypothese zulässig.

Für die Mädchen aus der ersten zehnjährigen Periode finden wir den analogen Quotienten $\frac{m_1}{L_1} = \frac{28304}{539518} = 0{,}05246$; und in der zweiten Periode $\frac{m'_1}{L'_1} = \frac{28508}{530304} = 0{,}05376$.

Bei constanter totaler Sterbenswahrscheinlichkeit R_1 wäre die mit der Wahrscheinlichkeit F_3 zulässige Differenz dieser Quotienten gleich $\pm$ 0,00184. Die beobachtete Differenz ist 0,00130, also ist die Hypothese des constanten R_1 wenigstens noch nicht ausgeschlossen.

Fasst man nun für beide Geschlechter die Beobachtungen der zwanzigjährigen Periode $18^{40}/_{41}$ bis $18^{59}/_{60}$ zusammen, so erhält man als neue Quotienten für die Knaben:

$$\frac{m}{L} = \frac{57964}{1052302} = 0{,}055083$$

für die Mädchen: $$\frac{m_1}{L_1} = \frac{56812}{1069822} = 0{,}053104.$$

Die Differenz $\frac{m}{L} - \frac{m_1}{L_1}$ beträgt 0,001979.

Nun ist, wie wir eben gesehen haben, die Hypothese zulässig, dass R resp. R_1 in der ganzen Periode für jedes Geschlecht constant geblieben sei. Unter sich aber sind diese beiden Grössen verschieden, denn wären sie gleich, so würde die Differenz der beiden Quotienten fast mit Gewissheit in den Grenzen $\pm$ 0,001318 liegen, während die beobachtete Differenz erheblich grösser ist.

Für die constante Differenz $R - R_1 = K$, die vermuthlich specifisch durch den Geschlechtsunterschied bedingt ist, erhält man nun die Grenzgleichung $K = 0{,}001979 (\pm\ 0{,}001318$, d. h. K wird fast mit Gewissheit zwischen den Grenzen 0,000661 und 0,003297 liegen.

86. Eine deutlicher hervortretende specifische Differenz findet man in dem folgenden Beispiele. Es handelt sich um die Wahrscheinlichkeit der Todtgeburten bei ehelich geborenen Knaben und Mädchen.

Für die Knaben sind die beobachteten Quotienten in zwei neunjährigen Perioden:

$$18^{39}/_{40} - 18^{47}/_{48}\colon \frac{19439}{575586} = 0{,}03377$$

$$18^{48}/_{49} - 18^{56}/_{57}\colon \frac{19633}{573814} = 0{,}03421$$

Die beobachtete Differenz derselben ist also 0,00044, während bei constanter Totalwahrscheinlichkeit R die zulässigen Grenzen des Unterschiedes $\pm$ 0,00143 sind. Wir nehmen also R als constant an.

Für die Mädchen findet man das Verhältniss der ehelichen Todtgeborenen zu der Gesammtzahl der ehelichen Geburten:

$$18^{39}/_{40} - 18^{47}/_{48}\colon \frac{13286}{537770} = 0{,}02471$$

$$18^{48}/_{49} - 18^{56}/_{57}\colon \frac{13858}{536952} = 0{,}02581$$

Die Differenz dieser beiden Quotienten beträgt also 0,00110. Bei constanter Totalwahrscheinlichkeit R_1 wäre der äusserste zu erwartende Unterschied $\pm$ 0,00128. Die Hypothese eines constanten R_1 in beiden Reihen ist also zwar ziemlich unsicher, aber doch noch nicht ausgeschlossen.

Fasst man nun für jedes Geschlecht die Beobachtungen beider Prioden zusammen, so erhält man für die Knaben:

$$\frac{39072}{1149400} = 0{,}03399$$

und für die Mädchen:

$$\frac{27144}{1074722} = 0{,}02526$$

Die Differenz dieser beiden empirischen Wahrscheinlichkeiten ist 0,00873. Wenn wir also R und R_1 als constant annehmen, so finden wir nach der obigen Formel als Grenzwerthe der specifischen Differenz $K = 0{,}00873 \pm 0{,}00096$ oder 0,00777 und 0,00969.

Vom strengen mathematischen Standpunkt lässt sich manches gegen das hier eingeschlagene Verfahren einwenden. Namentlich bleibt die Annahme der Unveränderlichkeit der totalen Wahrscheinlichkeit auf Grund des angegebenen Kriteriums mehr oder weniger hypothetisch. Gleichwohl halten wir die Methode in praktischer Rücksicht zur physikalischen Verarbeitung der statistischen Resultate für genügend.

87. Wir gehen nun zu der Frage über, wiefern sich aus den Ergebnissen einer grossen Beobachtungsreihe ein Schluss auf das Auftreten gleichartiger Erscheinungen in der Zukunft ziehen lässt.

Die Möglichkeit eines solchen Schlusses ist durch die Annahme bedingt, dass das totale Chancensystem, welchem die totale Wahrscheinlichkeit R entspricht, in der zukünftigen Reihe wenigstens annähernd dasselbe bleibe, wie in der beobachteten.

Nehmen wir wieder als Beispiel die Sterblichkeit einer Gesammtheit Gleichalteriger in einer einjährigen Altersclasse. Die Beobachtungen haben auf die (sehr grosse) Zahl L der Lebenden m Gestorbene ergeben, und es wird gefragt, wie viele Verstorbene mit einer gegebenen Wahrscheinlichkeit in der Zukunft auf eine gegebene ebenfalls sehr grosse Zahl L' von Lebenden desselben Alters kommen werden.

Ist diese gesuchte Zahl m', so hat man wie oben bei constantem R die Wahrscheinlichkeit F_u für die Gleichung

$$\frac{m}{L} - \frac{m'}{L'} = \left(\pm u \sqrt{\frac{2pq}{L} + \frac{2p'q'}{L'}}\right.$$

wo p, q, p', q' dieselbe Bedeutung haben, wie im § 83.

Da m' unbekannt ist, so sind auch die Werthe von p' und q' nicht gegeben.

Bei constantem R und grossem L' aber werden sie jedenfalls nur wenig von p und q abweichen, und man kann daher ohne merklichen Fehler unter der Wurzel statt des Productes $2p'q'$, das noch durch die grosse Zahl L' zu dividiren ist, $2pq$ einsetzen.

So findet man $$\frac{m}{L} - \frac{m'}{L'} = \left(\pm u \sqrt{\frac{2pq(L+L')}{LL'}}\right.$$

also $$m' = pL' \left(\pm u \sqrt{\frac{2pqL'(L+L')}{L}}\right.$$

Nehmen wir wieder die im § 85 angeführten Zahlen der einjährigen Knaben aus der Geburtsstrecke $18^{40}/_{41} - 18^{49}/_{50}$ und der im zweiten Lebensjahre verstorbenen.

Man hat also $\frac{m}{L} = p = 0{,}05497$.

Es wird gefragt, welche Werthe $\frac{m'}{L'}$ und m' zu erwarten sind, wenn eine neue Gesammtheit von 520,000 einjährigen Knaben beobachtet wird.

Die obige Formel ergibt unter Voraussetzung eines constanten R mit der fast der Gewissheit gleichen Wahrscheinlichkeit F_3:

$$\frac{m'}{L'} = 0{,}05497\ (\pm\ 0{,}00189, \text{ und } m' = 520000\,.\,0{,}05497\ (+\ 980{,}8.$$

Die Mittel- und die Grenzwerthe von m' und daher resp. 28584, 27603 und 29565.

Die wirkliche Beobachtung der zweiten Reihe von 520274 Knaben ergab $m' = 28719$.

Man pflegt in der Regel die Zahlen einer beobachteten Sterbe- und Ueberlebensordnung auf eine runde Geburtenzahl, etwa 10000, zu reduciren. Es ist dies nur eine formale Aenderung der Betrachtungsweise, die eine bequemere Uebersicht der beobachteten Verhältnisse gestattet, freilich aber in die Versuchung führt, die ursprünglichen Zahlen zu vernachlässigen, aus denen doch allein die Genauigkeit der empirischen (wahrscheinlichsten) Sterbenswahrscheinlichkeiten beurtheilt werden kann.

Ein anderes aber ist es, wenn gefragt wird, wie viele wahrscheinlicher Weise von 10000 oder 100000 noch nicht beobachteten Geborenen, die man aufs Gerathewohl zusammengefasst denkt, in den einzelnen Altersclassen sterben werden. Alsdann gewinnt die willkürliche Grundzahl eine sachliche Bedeutung, indem von ihrer Grösse die Genauigkeit der Antwort abhängt. Indess hat es wegen der Willkürlichkeit der Grundzahl keinen rechten Zweck, eine Tabelle dieser Art zusammenzustellen. Am angemessensten ist es, die gegebene Sterbe- und Ueberlebensordnung in der Weise zu bearbeiten, dass man die Quotienten $\frac{m}{L}$ und $\frac{L-m}{L}$ als Decimalbrüche zusammenstellt und die äussersten oder wahrscheinlichen Abweichungen $\left(\pm \frac{u}{L}\sqrt{2pq}\right)$ derselben von den zu Grunde liegenden totalen Wahrscheinlichkeiten beifügt.

88. Das bisher zu Gebote stehende Material genügt noch nicht, um vollständige Sterbe- und Ueberlebensordnungen wirklicher Generationen aufzustellen. Man erhält nur Bruchstücke solcher Ordnungen für verschiedene Generationen, aus denen man eine vollständige Reihe der Sterbens- und Ueberlebenswahrscheinlichkeiten nur unter der Voraussetzung

bilden kann, dass den verschiedenen Generationen in derselben Altersclasse dieselbe totale Sterbenswahrscheinlichkeit zukommt.

Im allgemeinen ist also als Beobachtungsresultat gegeben: von L $a$jährigen (wo a auch 0 sein kann) sind im $(a+1)$ten Lebensjahre m_1, von L_1 $(a+1)$jährigen sind im $(a+2)$ten Lebensjahre m_2, von L_x $(a+x)$jährigen sind im $(a+x+1)$ten Jahre m_{x+1} gestorben. Die Ueberlebenden der ersten Gruppe am Ende des $(a+1)$ten Jahres sind also $L-m_1$ oder l_1, die der zweiten Gruppe am Ende des $(a+2)$ten Jahres L_1-m_2 oder l_2 u. s. w.

Man kann nun auf Grund dieser Daten fragen: in welchen äussersten oder wahrscheinlichen Grenzen liegen die Zahlen $A_1, A_2, A_3 \ldots A_x$ welche diejenigen darstellen, die von einer und derselben grossen Zahl A $a$jähriger das $(a+1)$te, $(a+2)$te Jahr überleben werden.

Setzen wir $\frac{m_1}{L} = p_1 \quad \frac{m_2}{L_1} = p_2$ u. s. w.

ferner $\frac{l_1}{L} = q_1 \quad \frac{l_2}{L_1} = q_2$ u. s. w.

und endlich $\sqrt{\frac{2p_1 q_1 (A+L) A}{L}} = k_1 \quad \sqrt{\frac{2p_2 q_2 (A_1+L_1) A_1}{L_1}} = k_2$

$$\sqrt{\frac{2p_3 q_3 (A_2+L_2) A_2}{L_2}} = k_3 \text{ u. s. w.}$$

so ergibt die Theorie die Wahrscheinlichkeit F_u für folgende Grenzbestimmungen:

(1) $A_1 = q_1 A (\pm u \sqrt{k_1^2}$

(2) $A_2 = q_1 q_2 A (+ u \sqrt{q_2^2 k_1^2 + k_2^2}$

(3) $A_3 = q_1 q_2 q_3 A (\pm u \sqrt{q_3^2 q_2^2 k_1^2 + q_3^2 k_2^2 + k_3^2}$

(4) $A_4 = q_1 q_2 q_3 q_4 A (\pm u \sqrt{q_4^2 q_3^2 q_2^2 k_1^2 + q_4^2 q_3^2 k_2^2 + q_4^2 k_3^2 + k_4^2}$

u. s. w.

Das Bildungsgesetz der Wurzelgrösse ist leicht erkennbar.

In den Ausdrücken k_2, k_3 u. s. w. kommen allerdings die unbekannten Grössen A_1, A_2 u. s. w. vor, aber man kann ohne merklichen Fehler für dieselben ihre wahrscheinlichsten Werthe $q_1 A$, $q_1 q_2 A$ u. s. w. einsetzen.

89. Es entsteht nun die weitere Frage: welches ist die äusserste oder die wahrscheinliche Abweichung zwischen den aus den Beobachtungen hervorgehenden Producten $q_1 q_2 q_3 \ldots q_x$ und der wirklich vorhandenen totalen Wahrscheinlichkeit w_x des Ueberlebens im Alter $a+x$.

Die Antwort ergibt sich sofort, wenn man in den obigen Gleichungen Λ unendlich setzt. Denn bei unendlich vielen Beobachtungen würde das Verhältniss $\frac{\Lambda_x}{\Lambda}$ unmittelbar die zu Grunde liegende Totalwahrscheinlichkeit des Ueberlebens darstellen.

Man hat also zunächst aus der Grenzgleichung (1) im vorigen §:

$$w_1 = \frac{\Lambda_1}{\Lambda} = q_1 \left(\pm u \sqrt{\frac{2 p_1 q_1}{L}} = q_1 \left(\pm u \sqrt{v_1^2}\right.\right.$$

Es wird nämlich $\frac{k_1}{\Lambda} = \sqrt{\frac{2 p_1 q_1 (\Lambda + L) \Lambda}{L \Lambda^2}}$ bei stets wachsendem Λ immer genauer gleich $\sqrt{\frac{2 p_1 q_1}{L}}$ oder v_1, obwohl auch L eine grosse Zahl ist.

Ferner ist unter jener Voraussetzung [aus Gl. (2)]:

$$w_2 = \frac{\Lambda_2}{\Lambda} = q_1 q_2 \left(\pm u \sqrt{q_2^2 v_1^2 + \frac{k_2^2}{\Lambda^2}}\right.$$

Es ist aber $\frac{k_2^2}{\Lambda^2} = \frac{2 p_2 q_2 (L_1 + \Lambda_1) \Lambda_1}{L_1 \Lambda^2}$ nnd bei unendlich wachsendem Λ wird der Ausdruck $\frac{(L_1 + \Lambda_1) \Lambda_1}{\Lambda^2}$ immer genauer gleich q_1^2.

Setzt man also $\sqrt{\frac{2 p_2 q_2}{L_1}} = v_2$, so erhält man

$$w_2 = q_1 q_2 \left(\pm u \sqrt{q_2^2 v_1^2 + q_1^2 v_2^2}\right.$$

Aehnlich erhält man für $\frac{k_3^2}{\Lambda^2}$ bei unendlich grossem Λ den Werth $\frac{2 p_3 q_3}{L_2} \cdot q_1^2 q_2^2$, und wenn $\sqrt{\frac{2 p_3 q_3}{L_2}} = v_3$, so ergibt sich

$$w_3 = q_1 q_2 q_3 \left(\pm u \sqrt{q_3^2 q_2^2 v_1^2 + q_3^2 q_1^2 v_2^2 + q_1^2 q_2^2 v_3^2}\right.$$

Ebenso ist, wenn $\sqrt{\frac{2 p_4 q_4}{L_3}} = v_4$

$$w_4 = q_1 q_2 q_3 q_4 \left(\pm u \sqrt{q_4^2 q_3^2 q_2^2 v_1^2 + q_4^2 q_3^2 q_1^2 v_2^2 + q_4^2 q_1^2 q_2^2 v_3^2 + q_1^2 q_2^2 q_3^2 v_4^2}\right.$$

Diese Reihe kann man leicht weiter fortführen.[1])

---

[1]) Unter der Wurzel stehen die Quadrate der Differentialquotienten des Productes $q_1 q_2 q_3 \ldots q_x$ nach den einzelnen q genommen und multiplicirt mit dem Quadrat der entsprechenden Grösse v. Man sieht zugleich, dass $u v_x$ der der Wahrscheinlichkeit F_u entsprechende Fehler der empirischen Wahrscheinlichkeit q_x ist. Vgl. auch Wittstein, l. c. S. 29.

Bei den gewöhnlichen Mortalitätsrechnungen nimmt man für w_1, w_2, w_x ohne weiteres die wahrscheinlichsten Werthe dieser Wahrscheinlichkeiten, nämlich $q_1, q_1 q_2, \ldots q_1 q_2 \ldots q_x$.

Die Bestimmung der äussersten oder der wahrscheinlichen Abweichung dieser empirischen Werthe von den wirklich zu Grunde liegenden Ueberlebenswahrscheinlichkeiten ist allerdings ziemlich umständlich, aber in manchen Fällen keineswegs überflüssig.

Uebrigens ist die Bestimmung der Fehler der empirischen Ueberlebenswahrscheinlichkeiten ungleich einfacher, wenn die einzelnen Quotienten q nicht aus verschiedenen Reihen stammen, sondern aus der Beobachtung der Ueberlebenden $l_1, l_2, l_3 \ldots$ einer einzigen Generation abgeleitet sind.

Geht man wieder von L $a$jährigen aus, so ist in diesem Falle $L_1 = l_1$, $L_2 = l_2$, $L_3 = l_3$ u. s. w., und ferner $q_1 = \frac{l_1}{L}$, $q_2 = \frac{l_2}{l_1}$, $q_3 = \frac{l_3}{l_2}$ u. s. w.

Die direct aus den Beobachtungen bestimmte empirische Ueberlebenswahrscheinlichkeit z. B. nach drei Altersjahren ist dann $\frac{l_3}{L}$, und man erhält unmittelbar nach der Formel des § 81 für die totale Sterbenswahrscheinlichkeit in der dreijährigen Altersstrecke mit der Wahrscheinlichkeit F_u

$$w_3 = \frac{l_3}{L}\left(\pm u \sqrt{\frac{2 l_3 (L - l_3)}{L_3}}\right) = q_1 q_2 q_3 \left(\pm u \sqrt{\frac{2 q_1 q_2 q_3 (1 - q_1 q_2 q_3)}{L}}\right)$$

Dieser letztere Ausdruck aber ist mit Rücksicht auf die besonderen Werthe von q identisch mit dem oben für w_3 aufgestellten.

Denn setzt man für $v_1{}^2, v_2{}^2, v_3{}^2$ die betreffenden Werthe ein und berücksichtigt, dass $L_1 = l_1$, $L_2 = l_2$ und dass $l_1 = q_1 L$, $l_2 = q_1 q_2 L$, so erhält man $\pm u \sqrt{q_3{}^2 q_2 v_1{}^2 + q_3{}^2 q_1{}^2 v_2 + q_1{}^2 q_2{}^2 v_3{}^2}$

$$= \pm u \sqrt{\frac{2 q_1 q_2 q_3 (p_1 q_3 q_2 + p_2 q_3 + p_3)}{L}}.$$

Da aber $p_1 = 1 - q_1$, $p_2 = 1 - q_2$, $p_3 = 1 - q_3$ so ist

$$p_1 q_3 q_2 + p_2 q_3 + p_3 = 1 - q_1 q_2 q_3,$$

und die zuletzt angeführte mit $\pm u$ multiplicirte Wurzelgrösse ist also in der That gleich dem mit der Wahrscheinlichkeit F_u zulässigen Fehler des wahrscheinlichsten Werthes von w_3.

90. In den bisher betrachteten Beispielen sind wir von einer Gesammtheit Gleichalteriger ausgegangen und haben das System der Todesursachen, welche jedes Individuum gleichsam zu passiren hat, in der Weise fixirt, dass Jeder zwischen denselben Altersgrenzen auf die Probe ge-

stellt wird. Chronologisch ist also die Probezeit für die Einzelnen verschieden. Diese Art der Bestimmung der Sterbenswahrscheinlichkeiten ist insofern die natürlichste, als die Versuchsbedingungen wenigstens rücksichtlich des sehr einflussreichen Elementes des Alters in allen Fällen gleich gestellt sind. Aber trotz dieser Gleichheit der Bedingungen in einer einzelnen, besonders wichtigen Hinsicht haben wir uns dennoch nicht etwa ein einziges Chancensystem vorgestellt, dem alle Individuen gleichartig gegenüber ständen, sondern wir haben die concretere Annahme gemacht, dass eine unbestimmte Anzahl von Chancensystemen möglich sei, von denen jedes mit einer gewissen Wahrscheinlichkeit auftritt, und wenn es vorhanden ist, mit einer gewissen Wahrscheinlichkeit den Tod bedingt.

Dieselbe Annahme kann aber offenbar auch noch gemacht werden, wenn man die Bedingung der Gleichalterigkeit während der Probe fallen lässt. Es wird dadurch die Ungleichartigkeit der Fälle vielleicht erhöht, aber volle Gleichartigkeit ist ja auch unter der ersteren Voraussetzung nicht vorhanden.

So steht also nichts im Wege, die Regeln der Wahrscheinlichkeitsrechnung auch auf diejenigen anzuwenden, die aus einer gegebenen Masse Gleichzeitiger in einer Zeitstrecke z sterben. Diese Gleichzeitigen, deren Zahl T sein möge, stehen in verschiedenem Alter zwischen den Grenzen a und b, jedoch erfolgt andererseits ihr Absterben unter denselben Zeitumständen, was in dem vorher betrachteten Beispiele nicht der Fall war. Die Altersunterschiede wirken, gerade wie Constitution, Lebensweise u. s. w., nur mit zur Bestimmung der einzelnen Systeme von Todeschancen. Die Wahrscheinlichkeiten der letzteren mögen $c_1', c_2', c_3' \ldots c'_n$ sein, während sie die resp. Sterbenswahrscheinlichkeiten

$$\gamma_1', \gamma_2', \gamma_3' \ldots \gamma'_n$$

erzeugen.

Die totale Sterbenswahrscheinlichkeit, die einem zufällig aus der Masse herausgegriffenen Individuum zukommt, ist also

$$\gamma_1' c_1' + \gamma_2' c_2' + \gamma_3' c_3' + \ldots \gamma_n c_n,$$

und diesem festen Werthe, den wir gleich P setzen wollen, wird der Quotient $\frac{m}{T}$ (wenn m die Zahl der beobachteten Verstorbenen) sich immer mehr nähern, je grösser T ist.

Eine zweite Beobachtungsreihe von T' gleichzeitig Lebenden aus denselben Altersgrenzen und m' Verstorbenen wird einen nur wenig abweichenden Quotienten $\frac{m'}{T'}$ ergeben, wenn das totale Chancensystem annähernd dasselbe ist, wie in dem ersten Falle. Es setzt dies voraus, dass die Altersverschiedenheiten in beiden Reihen mit annähernd gleicher Wahrscheinlichkeit ihren Einfluss üben, dass also die Vertheilung der Gleichzeitigen auf die (klein anzunehmenden) Unterabtheilungen der Altersstrecke a bis b ungefähr dieselbe bleibt.

Ergibt sich die Differenz der beiden Quotienten grösser, als es die Formel des § 83 erlaubt, so ist man berechtigt, eine Aenderung des totalen Chancensystems anzunehmen. Freilich kann man in Ermangelung positiver Daten nichts darüber entscheiden, wie fern diese Aenderung etwa durch eine in beiden Reihen wesentlich verschiedene Vertheilung der Lebenden auf die verschiedenen Altersabtheilungen mit bedingt sein könnte. Hat man aber Grund zu der Annahme, dass diese Vertheilung in beiden Reihen annähernd gleich gewesen sei, so wird der Unterschied der Quotienten durch specifische Ursachen anderer Art zu erklären sein.

91. Stellt man die Zahlen derjenigen zusammen, welche von T_a beobachteten a- bis $(a+1)$-jährigen Gleichzeitigen nach $1, 2, 3, \ldots x$ vollen Jahren noch leben, so erhält man, wie früher bereits bemerkt wurde, eine Sterbe- und Ueberlebensordnung besonderer Art.

Die Quotienten aus der Zahl der Gestorbenen eines Beobachtungsjahrs und der Zahl der am Anfang des Jahres gleichzeitig Lebenden stellen die wahrscheinlichste Sterbenswahrscheinlichkeit dieser Gleichzeitigen dar, und man kann die wahrscheinliche und äusserste Abweichung derselben von der zu Grunde liegenden Totalwahrscheinlichkeit ohne weiteres nach Formel der des § 81 bestimmen.

Anstatt indess solche Sterbenswahrscheinlichkeiten der Gleichzeitigen vollständig nach Generationen und einjährigen Altersstufen zu bestimmen scheint es vom praktischen Standpunkte zweckmässiger, diese Untersuchung auf einige grosse Gruppen und einzelne Zeitstrecken zu beschränken.

Insbesondere ist es von Interesse, die Sterbenswahrscheinlichkeit einer ganzen gleichzeitigen Bevölkerung in einer Jahresstrecke mit Rücksicht auf die wahrscheinliche oder äusserste Abweichung zu bestimmen.

So betrug beispielsweise am 3. December 1864 die männliche Bevölkerung Preussens mit Einschluss der Militärbevölkerung 9583367 Seelen.*) Der Ueberschuss der im December 1864 geborenen Knaben über die männlichen Gestorbenen desselben Monats belief sich auf 10185, so dass

[1]) Zeitschr. des preuss. stat. Bureaus, 1866, S. 87 ff.

man auf die 28 fehlenden Tage dieses Jahres noch einen Zuwachs der männlichen Bevölkerung von 9199 Seelen rechnen darf.

Der Gesammtbestand am 1. Januar 1865 stellte sich demnach auf 9592566 (= T).

Es starben im Jahre 1865[1]) (mit Einschluss der Todtgeborenen) 292774 männliche Individuen. Von diesen aber waren 89001 in eben diesem Jahre erst geboren worden. Die Zahl derjenigen also, die aus der am 1. Januar vorhandenen Masse im Laufe des Jahres starben, betrug nur 203773 (= m). Wenn wir von der Störung durch Wanderung absehen, so erhalten wir folglich für die totale Sterbenswahrscheinlickkeit jener gleichzeitigen Masse im Jahre 1865 mit der fast der Gewissheit gleichen Wahrscheinlichkeit F_3 die Grenzbestimmung:

$$P = \frac{203773}{9592566} \pm 0{,}000198.$$

P liegt also fast mit Gewissheit zwischen den Grenzen

$$0{,}021239 + 0{,}000198 \text{ und } 0{,}021239 - 0{,}000198$$

oder zwischen 0,021437 und 0,021041.

Wenn man also aus der männlichen Bevölkerung Preussens am 1. Januar 1865 aufs Gerathewohl und namentlich auch ohne alle Rücksicht auf die Altersverschiedenheit eine sehr grosse Zahl von Individuen herausgegriffen und im Laufe des Jahres besonders beobachtet hätte, so würde das Verhältniss der Gestorbenen aus dieser Partialmasse zu der Grösse der letzteren sich dem (allerdings nicht genau bekannten) Werthe P um so mehr genähert haben, je grösser diese Partialmasse gewesen wäre.

Die Zahl der weiblichen Einwohner mit Einschluss der Militärangehörigen belief sich am 3. December 1864 auf 9671282. Dazu kommen aus dem Rest des December durch Ueberschuss der Geborenen über die Gestorbenen noch 8299, so dass die weibliche Bevölkerung am 1. Januar 1865 auf 9679581 Seelen zu veranschlagen ist.

Die Gesammtzahl der weiblichen Gestorbenen (incl. Todtgeborenen) betrug im Jahre 1865 270291, von welchen aber 71749 in demselben Jahre erst geboren waren. Aus der am Jahresanfang vorhandenen Bevölkerung starben also 198542.

Hiernach ist der empirische Quotient $\frac{m'}{T'} = \frac{198542}{9679581} = 0{,}020511$ und für die totale Sterbenswahrscheinlichkeit jener gleichzeitigen weiblichen Bevölkerung im Jahre 1865 ergeben sich mit der sehr grossen Wahr-

[1]) Preuss. Statistik, XVII, Berlin 1870. S. 126.

scheinlichkeit F_3 die Grenzwerthe $P' = 0{,}020511 \pm 0{,}000193$ oder 0,020704 und 0,020318.

Wäre das System der Todeschancen für beide Geschlechter dasselbe, also $P = P'$, so würde mit der Wahrscheinlichkeit F_3 die äusserste Differenz der Quotienten $\frac{m}{T}$ und $\frac{m'}{T'}$ nur 0,000276 betragen. In Wirklichkeit aber finden wir einen Unterschied von 0,000728; als Grenzen der specifischen Differenz der als constant angenommenen Sterbenswahrscheinlichkeiten der Gleichzeitigen beider Geschlechter ergeben sich also nach dem Verfahren des § 85 mit der Wahrscheinlichkeit F_3 die Werthe

$$0{,}000728 + 0{,}000276 \text{ und } 0{,}000728 - 0{,}000276$$

oder 0,001004 und 0,000442.

92. Man darf ohne Bedenken annehmen, dass die Vertheilung der Gleichzeitigen auf die verschiedenen Altersstufen bei jedem Geschlecht annähernd constant bleibe. Zeigen sich also in verschiedenen Jahrgängen bei demselben Geschlecht erhebliche Unterschiede in der nach dem obigen Verfahren bestimmten totalen Sterbenswahrscheinlichkeit, so darf man dieselben auf anderweitige Veränderungen des allgemeinen Systems der Todesursachen zurückführen.

So liegt die Vermuthung nahe, dass das Jahr 1866 in Preussen zunächst für das männliche Geschlecht eine Steigerung des normalen Sterblichkeitsverhältnisses mit sich gebracht habe.

Um die Berechtigung dieser Vermuthung zu prüfen, bestimmen wir die Zahl der männlichen Bevölkerung am 1. Januar 1866, indem wir zu dem für den 1. Januar 1865 gefundenen Näherungswerth den Ueberschuss der männlichen Geborenen über die Gestorbenen des Jahres 1865, nämlich 116302 addiren und den Ueberschuss der constatirten Auswanderung über die Einwanderung (6630) abziehen. So ergibt sich die Zahl 9702238.

Aus dieser Masse starben im Jahre 1866:

$$364837 - 87524 \text{ oder } 277313.$$

Man hat also $\frac{m}{T} = \frac{277313}{9702238} = 0{,}028582$

und (mit der Wahrscheinlichkeit F_3) $P = 0{,}028582 (\pm 0{,}000227$.

Die totale Sterbenswahrscheinlichkeit dieses Jahres liegt also fast mit Gewissheit zwischen den Grenzen 0,028809 und 0,028355.

Wäre das totale Chancensystem in den Jahren 1865 und 1866 ungeändert geblieben, so hätte man zwischen den beiden empirischen Quotienten nur eine äusserste Abweichung von 0,000299 erwarten dürfen;

da sich aber in Wirklichkeit eine solche von 0,007343 herausstellt, so ist eine specifische Differenz der beiden totalen Sterbenswahrscheinlichkeiten anzunehmen, welche zwischen den Werthen 0,007642 und 0,007044 liegt.

Diese bedeutende Differenz ist aber nur zum kleinsten Theil durch die Verluste der Armee auf dem Schlachtfelde zu erklären,[1]) denn wir finden bei dem weiblichen Geschlecht eine fast eben so grosse Steigerung des Sterblichkeitsverhältnisses.

Die Stärke der weiblichen Bevölkerung am 1. Januar 1866 berechnet sich aus dem Ueberschuss der Geborenen und der Auswanderungen zu 9788632. Von diesen starben im Jahre 1866 333309 — 71147 oder 262162.

Hieraus folgt mit der Wahrscheinlichkeit F_3:

$$P' = 0{,}026782\ (\pm\ 0{,}000219,$$

so dass die äussersten Grenzen dieser totalen Sterbenswahrscheinlichkeit gleich 0,027001 und 0,026563 sind.

Gegen das P' des Vorjahrs aber stellt sich eine specifische Differenz heraus, die zwischen den Grenzen 0,006271 $\pm$ 0,000292, oder zwischen 0,006563 und 0,005979 liegt.

Es zeigt sich also, dass im Jahre 1866 ungewöhnlich ungünstige Einflüsse die Sterblichkeit beider Geschlechter fast in gleichem Maasse erhöhten.

Im Jahre 1867 dagegen trat für beide Geschlechter wieder das normale Verhältniss der totalen Sterblichkeit ein.

Die männliche Bevölkerung (des altpreussischen Gebietes) am 1. Januar dieses Jahres berechnet sich zu 9740177.

Aus diesen starben im Laufe des Jahres 286419 — 81054 oder 205365.

Hieraus ergibt sich mit der Wahrscheinlichkeit F_3

$$P = 0{,}021085\ (\pm\ 0{,}000194$$

und man sieht ohne weiteres, dass wenigstens die Möglichkeit vorliegt, diesen Werth als dem entsprechenden des Jahres 1865 gleich anzusehen.

Die weibliche Bevölkerung desselben Gebietes war rechnungsmässig am 1. Januar 1867 = 9837093. Von dieser Zahl starben im Laufe des Jahres 262342 — 65931 oder 196411.

Demnach wird mit der Wahrscheinlichkeit F_3

$$P' = 0{,}019966\ (\pm\ 0{,}000189.$$

[1]) Der unmittelbare Verlust an Todten betrug nur 4400, an Verwundeten 16007, an Vermissten 784. Mit Einschluss der durch Cholera und andere Krankheiten verursachten Verluste ist die Zahl der Todten 10877, unter denen sich auch einige Angehörige verbündeter Truppen befinden.

Diese totale Sterbenswahrscheinlichkeit des weiblichen Geschlechtes kommt derjenigen des Jahres 1865 sehr nahe, weist jedoch eine kleine specifische Differenz zu Gunsten des Jahres 1867 auf.

93. Die hier erörterte Sterbenswahrscheinlichkeit der Gleichzeitigen bietet indess nur für besondere Zwecke ein Interesse. Im Allgemeinen gilt für die Bevölkerungsstatistik, wie für die Statistik überhaupt die Regel, dass sie ihre Wahrscheinlichkeitsbestimmungen auf möglichst gleichartig constituirte Massen zurückführen soll. Wenn also eine gegebene bevölkerungsstatistische Masse bekanntermaassen aus verschiedenartigen Theilmassen zusammengesetzt ist, so darf man nicht bei der Annahme stehen bleiben, dass diese Bestandtheile stets in annähernd gleichem Verhältnisse in der Totalmasse vorkommen werden, sondern die Rücksicht auf wissenschaftliche Vollständigkeit verlangt, dass man, selbst wenn jene Voraussetzung berechtigt ist, die Auflösung der Totalmasse in die erkennbaren Theilmassen mit besonderen Wahrscheinlichkeitsverhältnissen wirklich vornehme. Diese Zerlegung ist so weit zu treiben, bis wir zu Elementarmassen von der Art gelangen, dass wir nach dem Stande unserer Kenntnisse keinen Grund mehr zu der Annahme haben, dass gewisse Mitglieder einer solchen Gruppe sich den Chancen des Sterbens, der Verehelichung u. s. w. gegenüber anders verhalten, als die übrigen.

Da nun die Gleichartigkeit der zu beobachtenden Massen in Bezug auf das wichtige Moment des Alters hergestellt werden kann, so sind die Gruppen der Gleichalterigen diejenigen Collectivwesen, mit denen die socialphysiologische Statistik sich in erster Linie zu beschäftigen hat.

Die Störungen, welche die normalen Veränderungen eines solchen Collectivwesens durch Wanderungen erleiden, sind zu eliminiren. Allerdings wäre eine Auffassung des Sterblichkeitsverhältnisses möglich, nach der man die Summe derjenigen, die beim Beginne einer Altersstufe ansässig waren, und derjenigen, die innerhalb der Classe eingewandert sind, als Grundzahl nähme. Es würde dann eine besondere Ungleichartigkeit der Einzelfälle dadurch entstehen, dass nicht alle Individuen während der Dauer eines vollen Lebensjahres auf die Probe gestellt worden sind. Fände nun die Einwanderung innerhalb derselben Altersclasse immer in gleicher Vertheilung und in gleichem Verhältnisse zu der Zahl der Ansässigen statt, so könnte man immerhin die Quotienten, die für zwei Beobachtungsreihen aus den Zahlen aller Verstorbenen der betreffenden Altersclasse und den erwähnten Grundzahlen gebildet wären, in derselben Weise mit einander vergleichen, als wenn keine Wanderung stattgefunden hätte. Aber jene Voraussetzung über die Wanderung ist im Allgemeinen willkürlich, und selbst wenn sie zuträfe, würde man doch noch immer verlangen müssen, dass die wirkliche Sterbenswahrscheinlichkeit der vollständig und gleichmässig beobachteten Altersclasse, und nicht blos jenes, wenn auch annähernd constant aus Sterblichkeit und Wanderung zusammengesetzte Verhältniss festgestellt werde.

Die Nubilitäts- und Verwittwungsverhältnisse, wie sie in den §§ 61 und 64 aufgestellt sind, können ebenfalls als Wahrscheinlichkeiten behandelt werden.

94. Bleiben wir bei den Sterblichkeitsverhältnissen stehen, so lassen sich unzweifelhaft in jeder grösseren Bevölkerung auch die Gleichalterigen nach gewissen Merkmalen wieder in Gruppen abtheilen, die unter sich erhebliche Abweichungen der Sterbenswahrscheinlichkeiten aufweisen, während in jeder einzelnen Gruppe diese Wahrscheinlichkeit einen verhältnissmässig festen Werth besitzt.

Diese Gruppen können natürlich nur nach Maassgabe des zu Gebote stehenden Materials durch Versuche bestimmt werden, und in ihrer Ermittlung besteht eine Hauptaufgabe der Sterblichkeitsstatistik. Die verschiedenen Merkmale, welche muthmaasslich einen directen oder indirecten Einfluss auf die Mortalität ausüben, wie Geschlecht, Wohnort, ökonomische Lage u. s. w., sind zu combiniren und die durch solche Combinationen charakterisirten Theilmassen besonders zu untersuchen. Namentlich ist mit Hülfe der Formel des § 83 zu prüfen, ob jede einzelne Gruppe in verschiedenen Beobachtungsreihen eine genügend constante Sterbenswahrscheinlichkeit besitzt. Ist dies festgestellt, so findet man in den specifischen Differenzen der verschiedenen Gruppen ein brauchbares Maass zur Beurtheilung der Wirksamkeit der einzelnen Unterscheidungsmerkmale. Stellt sich aber die vermuthete Constanz der einzelnen Sterbenswahrscheinlichkeiten in zwei Zeiträumen nicht heraus, so lässt sich vielleicht die beobachtete Differenz auf eine erkennbare Störung zurückführen, die möglicher Weise auf alle Gruppen mehr oder weniger gleichmässig eingewirkt hat.

Die Gruppen, welche die Statistik schliesslich als homogene Collectivwesen behandelt, müssen jedoch noch immer den Charakter von Massen besitzen, wie es die statistische Untersuchung ihrem Wesen nach verlangt. Diese Elementarmassen sind nach den bestimmbaren allgemeinen Einflüssen unterschieden und isolirt, auf die concreten Ursachen aber, welche innerhalb einer jeden die Sterbefälle im Einzelnen bedingen, kann die Statistik nicht zurückgehen. Allerdings wird eine genauere Kenntniss der Thatsachen vielleicht ergeben, dass eine Gruppe, die vorher als elementar gegolten, sich nach einer praktisch durchführbaren Unterscheidung noch weiter zerlegen lasse; aber in diesen neuen Elementarmassen sind der Statistik die Bedingungen der Einzelfälle wieder völlig unbekannt, und sie weiss nur, dass aus einer gegebenen Gruppe in einer bestimmten Altersclasse eine gewisse Anzahl von Sterbefällen hervorgegangen ist. Um sich eine bestimmtere Vorstellung von dem inneren Zusammenhange dieser Erscheinung zu machen, kann sie den Begriff der Chance in dem oben angegebenen Sinne zu Hülfe nehmen, nämlich als einer Bedingung, die mit einer gewissen Wahrscheinlichkeit vorhanden sein kann, und wenn sie vorhanden ist, mit einer gewissen Wahrscheinlichkeit ein bestimmtes Resultat, in unserem Beispiele also einen Todesfall, hervorbringt.

95. Die unbekannte Verbindung zwischen dem Anfange und dem Endzustande der Elementarmasse, d. h. in unserem Beispiele zwischen der Zahl der im Ganzen beobachteten und der gestorbenen Individuen einer Elementargruppe in einer bestimmten Altersclasse denken wir uns also in der Form eines Chancensystems. Bleibt dasselbe in mehreren gleichartigen Beobachtungsreihen unverändert, so zeigt die Wahrscheinlichkeitsrechnung, dass auch die beobachteten Verhältnisse der Gestorbenen zu den Lebenden nur in gewissen, mit genügender Sicherheit bestimmbaren Grenzen von einander abweichen werden; und umgekehrt kann man, wenn zwei beobachtete Verhältnisse über gewisse angebbare Grenzen hinaus von einander abweichen, praktisch mit Gewissheit aussagen, dass sich das Chancensystem in beiden Reihen geändert hat.

Demnach fasst sich die Aufgabe der socialphysiologischen Statistik in Folgendem zusammen: sie hat möglichst individualisirte Elementarmassen zu bilden und durch Wahrscheinlichkeitsverhältnisse die Chancensysteme zu charakterisiren, welche die bedeutsamen Veränderungen derselben bedingen; sie hat ferner zu untersuchen, wiefern durch die Verschiedenheit der Unterscheidungsmerkmale der Elementarmassen Verschiedenheiten ihrer Chancensysteme entstehen, und endlich festzustellen, ob die einzelnen Chancensysteme im Laufe der Zeit annähernd constant bleiben oder sich in einer bestimmbaren Weise ändern.

Die annähernde Constanz des Chancensystems erzeugt Regelmässigkeiten, die mehr oder weniger Aehnlichkeit mit den Wirkungen eines Gesetzes im naturwissenschaftlichen Sinne besitzen. In Wirklichkeit aber ist die Verbindung, die wir uns durch ein Chancensystem zwischen den Erscheinungen des Menschenlebens hergestellt denken, ungleich lockerer, als der mittels des Begriffs des Gesetzes in die natürliche Ordnung der Dinge eingeführte Zusammenhang.

Denn selbst wenn jene annähernde Constänz längere Zeit hindurch beobachtet worden wäre, so bleibt doch der Inductionsschluss, dass das Chancensystem sich auch in der Zukunft nahezu in derselben Gestalt erhalten werde, ein unsicherer, der um so mehr seine Berechtigung verliert, je weiter er in die Zukunft hinaus führt.

Dagegen lässt sich der Schluss auf einen gesetzlichen, d. h. unter gleicher Bedingung immer in genau gleicher Weise hervortretenden Zusammenhag gewisser Naturerscheinungen oft schon nach einem einzigen Versuch mit praktisch absoluter Gewissheit ziehen.

Diese Sicherheit und Schnelligkeit des naturwissenschaftlichen Schliessens auf Gesetzlichkeit stellt sich heraus, wenn die beobachteten Processe möglichst einfach, d. h. von möglichst wenigen, aber möglichst eigenartigen äusserlichen Bedingungen abhängig sind, und wenn die gefundenen Resultate sich in die Gesammtheit unserer naturwissenschaftlichen Erfahrung einfügen und an dieser einen Halt gewinnen.

Unsere Naturbeobachtung erstreckt sich allerdings auch auf die Ergebnisse von Massenwirkungen physischer Factoren, auf die Gesammtresultate zahlreicher Einzelprocesse mit unentwirrbaren Combinationen von Bedingungen. Für jeden Einzelprocess kann man sich theoretisch die naturgesetzliche Formel gegeben denken; aber man ist nicht berechtigt, in demselben Sinne ein Naturgesetz für das Zusammentreffen der Einzelprocesse anzunehmen.

So ist es z. B. kein Naturgesetz, dass an einem bestimmten Orte eine annähernd constante jährliche Regenmenge fällt. Vielmehr ist dieses Ergebniss die Folge einer Combination von naturgesetzlichen Einzelprocessen, die nicht nach einer festen Norm, sondern nach einem mehr oder weniger constanten Chancensystem zusammentreffen.

Immerhin aber ist der Schluss auf die annähernde Constanz des Chancensystems bei derartigen physischen Massenerscheinungen meistens ein verhältnissmässig sicherer, weil wir das beobachtete Resultat an das gesammte System unserer Erfahrung der Naturgesetzlichkeit anlehnen können. Wir können z. B. wenigstens im Allgemeinen beurtheilen, welche Momente auf die Regenmenge eines Ortes wesentlich einwirken, und wenn wir finden, dass diese maassgebenden Einflüsse dauernd und constant sind. so ist der Schluss gerechtfertigt, dass auch in Zukunft die Regenmenge nur verhältnissmässig kleine, durch zufällige Störungen entstehende Schwankungen um eine Mittelgrösse aufweisen werde.

96. Anders aber bei den menschlichen Massenveränderungen, die wir uns auf einem Chancensysteme beruhend denken. Auch hier können wir

im Allgemeinen beurtheilen, welche Momente die Grösse der Veränderung wesentlich mit bestimmen, aber wir erkennen zugleich unmittelbar und unzweifelhaft, dass viele dieser Momente, weil nicht durch physiche, sondern durch menschlich-sociale Verhältnisse bedingt, ihrem Wesen nach veränderlich sind.

Der Schluss von der beobachteten auf die zukünftige Constanz des Chancensystems wird daher unter Umständen ein höchst problematischer, und die erstere begründet keineswegs die Annahme einer eigentlichen Gesetzmässigkeit der betreffenden Massenänderungen im naturwissenschaftlichen Sinne. Nur so weit man berechtigt ist, die von menschlich-socialen Bedingungen abhangenden Grundlagen des Chancensystems in der nächsten Zukunft für gleichbleibend zu halten, darf man die dem Chancensystem entsprechende empirische Wahrscheinlichkeit auf die zukünftigen Erscheinungen anwenden.

Dass aber das Chancensystem irgend einer menschlich-socialen Massenerscheinuug sich nur langsam ändert, dass es auf gewisse Zeitstrecken geradezu als constant angesehen werden kann, wird Niemand für wunderbar oder einer besonderen Erklärung bedürftig halten, der die überall in der menschlichen Gesellschaft, selbst in ihren unbedeutendsten Lebensbewegungen hervortretende Stetigkeit beachtet. Schon eine oberflächliche Beobachtung lässt uns die Stabilität erkennen, mit der sich zahlreiche Gruppen behaupten, die durch die Unterschiede der wirthschaftlichen oder sociale Lage, der herkömmlichen Lebensformen, der intellectuellen Bildung, der religiösen Ansichten, des sittlichen Empfindens u. s. w. gebildet werden; und innerhalb jeder dieser Gruppen wird man schon nach den Erfahrungen des gewöhnlichen Lebens ein bestimmtes, statistisch bedeutsames Ereigniss unter gewissen Bedingungen als überwiegend wahrscheinlich, unter andern als sehr unwahrscheinlich schätzen können. So darf man in allen gesunden Gesellschaftsclassen annehmen, dass die Mehrzahl der Männer in einer Frist von wenigen Jahren nach Erreichung des Alters, in dem die Angehörigen dieser Classe durchschnittlich die ökonomische Befähigung zur Gründung einer Familie erlangen, auch wirklich heirathen werde. Die Stetigkeit in der Einwirkung gewisser physischer Momente, wie des Klimas und der erblichen Constitution, auf die bevölkerungsstatistischen Erscheinungen ist noch leichter erkennbar.

So erhält man bei einiger Beobachtungsgabe und Lebenserfahrung wenigstens eine ungefähre Idee von der relativen Abstufung der Wahrscheinlichkeit desjenigen Thuns und Leidens der Menschen, welches bedeutsame sociale Massenerscheinungen erzeugt; und mit dieser Idee verbindet sich auch die Annahme, dass diese instinctiv erkannten Wahrscheinlichkeitsverhältnisse einen wenigstens vorläufig dauernden Bestand haben.

Durch genaue Analyse der Erscheinungen, durch nähere Erforschung der Massenresultate hervorbringenden äusseren Einflüsse, durch psychologisches Eindringen in die das menschliche Handeln vorwiegend bestimmenden Motive gibt man jener unbestimmten Erkenntniss der relativen Stabilität der Wahrscheinlichkeiten in den menschlichen Dingen eine mehr wissenschaftliche Grundlage. Und wenn dann die Statistik die exacte Darstellung der numerischen Regelmässigkeiten der menschlichen Massenerscheinungen gibt, so ist dies weiter nichts, als die Bestätigung der relativen Stetigkeit der Chancensysteme, die für viele Reihen von Erscheinungen schon nach den gewöhnlichsten Erfahrungen angenommen, für die übrigen aber vermuthet werden kann.

Die statistischen Zahlenverhältnisse drücken also nicht die herrschende Norm, das Gesetz der Erscheinungen aus, sondern sie geben uns nur einen näheren, exacten Aufschluss über die wirkliche Constitution der Erscheinungen, nämlich über das Chancensystem, welches denselben zu Grunde liegt; und wegen der überall erkennbaren und begreiflichen relativen Stabilität der Wahrscheinlichkeiten in den menschlichen Dingen dürfen wir annehmen, dass dieses Chancensystem sich nur langsam ändern, also auch wenigstens in der nächsten Zukunft noch ähnliche Zahlenverhältnisse hervorbringen werden.

Anhang.

Wie oben bereits bemerkt worden, sind die Register über die Bewegung der Bevölkerung, die dem statistischen Bureau von Elsass-Lothringen eingesandt werden, so detaillirt, dass sie gestatten, die meisten der im Text erwähnten, bisher noch ungewöhnlichen Rahmen auszufüllen. Der Vorsteher jenes Bureaus, Herr Regierungsrath Metz, war so gütig, mir für das statistische Praktikum in diesem Sommer das nöthige Material zur Verfügung zu stellen, um einzelne Beispiele jener Gruppirungen durchzuführen. Ich theile nachstehend einige Tabellen mit, die eben als Beispiele von Interesse sein dürften, wenn auch die Zahlen zu klein sind, um allgemeine Schlüsse zu gestatten. Die Tabellen sind ausgezogen von den Herren Cand. Stieda und Stud. Bamberger, v. Morawski und Neuburg; sie beziehen sich alle auf den Bezirk Unterelsass und das Jahr 1872.

(Zu S. 56.)

Eheschliessungen (1872), unterschieden nach Geburtsjahr und Altersclasse der Getrauten.

(Das Alter ist in vollen Jahren angegeben; 18 entspricht also der 19. Altersclasse.)

I. Männer.

Geburtsjahr.	Alter.	Getraute.	Geburtsjahr.	Alter.	Getraute.	Geburtsjahr.	Alter.	Getraute.	Geburtsjahr.	Alter.	Getraute.	Geburtsjahr.	Alter.	Getraute.
1853	18	6	1847	24	225	1841	30	186	1835	36	65	1829	42	30
	19	4		25	248		31	139		37	55		43	17
1852	19	5	1846	25	229	1840	31	128	1834	37	47	1828	43	14
	20	5		26	235		32	106		38	35		44	19
1851	20	16	1845	26	272	1839	32	112	1833	38	39	1827	44	19
	21	35		27	268		33	71		39	19		45	13
1850	21	90	1844	27	307	1838	33	104	1832	39	27	1826	45	21
	22	126		28	261		34	71		40	22		46	15
1849	22	177	1843	28	257	1837	34	90	1831	40	29	1825	46	14
	23	217		29	206		35	79		41	30		47	14
1848	23	227	1842	29	226	1836	35	76	1830	41	36	1824	47	15
	24	221		30	196		36	75		42	16		48	14

Geburtsjahr.	Alter.	Getraute.	Geburtsjahr.	Alter.	Getraute.	Geburtsjahr.	Alter.	Getraute.	Geburtsjahr.	Alter.	Getraute.	Geburtsjahr.	Alter.	Getraute.
1823	48	20	1819	52	6	1815	56	5	1811	60	6	1807	64	2
	49	18		53	5		57	8		61	6		65	—
1822	49	9	1818	53	9	1814	57	5	1810	61	3	1806	65	—
	50	10		54	6		58	3		62	1		66	2
1821	50	15	1817	54	4	1813	58	6	1809	62	2	1805	66	1
	51	13		55	9		59	8		63	1		67	—
1820	51	15	1816	55	7	1812	59	6	1808	63	2	1804	67	1
	52	11		56	3		60	4		64	1		68	3

Je ein Getrauter aus den Geburtsjahren 1800—1803; einer aus dem Jahre 1797.

II. Frauen.

Geburtsjahr.	Alter.	Getraute.	Geburtsjahr.	Alter.	Getraute.	Geburtsjahr.	Alter.	Getraute.	Geburtsjahr.	Alter.	Getraute.	Geburtsjahr.	Alter.	Getraute.
1857	14	—	1847	24	245	1837	34	57	1827	44	25	1817	54	1
	15	2		25	249		35	56		45	14		55	4
1856	15	2	1846	25	269	1836	35	40	1826	45	10	1816	55	1
	16	4		26	202		36	44		46	11		56	—
1855	16	10	1845	26	258	1835	36	34	1825	46	5	1815	56	1
	17	21		27	232		37	37		47	5		57	2
1854	17	25	1844	27	209	1834	37	24	1824	47	7	1814	57	1
	18	44		28	154		38	32		48	7		58	1
1853	18	68	1843	28	167	1833	38	18	1823	48	8	1813	58	—
	19	100		29	126		39	27		49	8		59	—
1852	19	108	1842	29	158	1832	39	20	1822	49	6	1812	59	1
	20	151		30	137		40	23		50	8		60	—
1851	20	178	1841	30	132	1831	40	21	1821	50	8	1811	60	—
	21	218		31	86		41	19		51	4		61	—
1850	21	243	1840	31	95	1830	41	18	1820	51	4	1810	61	3
	22	253		32	73		42	20		52	4		62	—
1849	22	246	1839	32	67	1829	42	17	1819	52	4	1809	62	—
	23	282		33	59		43	11		53	3		63	2
1848	23	285	1838	33	63	1828	43	7	1818	53	2	1808	63	—
	24	220		34	45		44	13		54	2		64	2

2 Getraute aus dem Geburtsjahr 1807.

Die wiederholten Trauungen sind in diesen Tabellen mit den ersten zusammengefasst.

Eine kleine Anzahl von Fällen, in denen die Urlisten hinsichtlich der Angabe der Geburtszeit lückenhaft oder undeutlich waren, mussten unberücksichtigt bleiben. Daher ist auch eine geringe Differenz zwischen den Zahlen der beobachteten Männer und Frauen (resp. 6163 und 6185) entstanden.

Die vorstehenden Tabellen geben also die Elementargesammtheiten der Getrauten beider Geschlechter in einem Jahre, oder die Zahlen der Trauungspunkte in den Elementardreiecken eines schrägen Streifens wie $P' P'' \Phi' \Phi''$ (Fig. 3). Wenn man die entsprechenden Gruppen auch für das folgende Kalenderjahr ermittelte, so würde man durch Vereinigung der unteren Elementargesammtheiten von 1872 mit den oberen von 1873 eine Reihe quadratischer Hauptgesammtheiten (zu verschiedenen Geburtsjahren gehörend) erhalten, wie $P . J . t (b_1 d_2 f h)$, $P . J . t (c_1 c_2 f d_3)$ u. s. w.

Aus den obigen Tabellen ist nun zunächst zu ersehen, dass die oberen und unteren Elementargesammtheiten derselben Altersclasse im Allgemeinen ziemlich gleich stark besetzt sind. Jedenfalls sind die Differenzen dieser Paare von Elementargesammtheiten durchweg kleiner, als die Differenzen zwischen den Elementargesammtheiten, welche denselben Geburtsjahren entsprechen. Bei diesen zeigt sich deutlich, dass die Rücksicht auf den Beginn eines neuen Altersjahrs in der einen Lebensperiode verlangsamend, in der anderen beschleunigend auf die Eheschliessungen wirkt. Sehr junge Heirathscandidaten werden sich häufig bestimmt fühlen, vor der Trauung noch einmal ihren Geburtstag abzuwarten, während die Gereifteren, namentlich weiblichen Geschlechtes, in dem einmal festgesetzten Trauungsjahre lieber vor als nach dem Antritt einer neuen Altersclasse Hochzeit halten werden.

So finden wir bei den Männern aus den Geburtsjahren 1851—49 die jedesmalige ältere Classe erheblich stärker vertreten; die Generationen von 1848—1845 zeigen eine bemerkenswerthe Gleichförmigkeit in der Besetzung ihrer Elementargesammtheiten; die noch weiter zurückliegenden Generationen aber lassen mit einer Regelmässigkeit, die trotz der kleiner werdenden Zahlen nicht dem Zufall zugeschrieben werden kann, die grössere Neigung der Heirathslustigen erkennen, sich vor der Erreichung eines neuen Geburtstags trauen zu lassen.

Aehnliches finden wir bei den Frauen: die jungen Generationen bis zu derjenigen von 1849 warten in dem Trauungsjahr noch gern den Beginn eines neuen Altersjahres ab; dann tritt ein Umschwung ein, und von der Generation 1847 an aufwärts ist durchgängig, so lange die Zahlen nicht gar zu klein werden, die stärkere Besetzung der jedesmaligen jüngeren Altersclasse bemerkbar.

Wir beobachten also hier eine Eigenthümlichkeit in der Vertheilung der Trauungen, auf die wir durch die unbestimmten Erfahrungen des gewöhnlichen Lebens wohl nicht aufmerksam geworden wären, die aber doch sofort begreiflich wird, sobald sie uns in den Zahlen entgegentritt. Diese Zahlen enthalten also nur die präcise wirkliche Gruppirung von Thatsachen, über deren wahrscheinliche Vertheilung wir uns schon durch psychologische, wirthschaftliche und andere Erwägungen wenigstens eine ungefähre Vorstellung bilden könnten.

(Zu S. 69.)

Die Verwittwung ist eine Veränderung des Zustandes des Individuums, die ganz unabhängig von dessen eigenen Existenzbedingungen eintritt. Gleichwohl wird sich auch in der Vertheilung der Verwittwungen des einen oder des anderen Geschlechts auf die verschiedenen Altersclassen eine gewisse Regelmässigkeit und Stetigkeit herausstellen, weil das Chancensystem der Verwittwung in jeder Altersclasse wesentlich abhängt von den Wahrscheinlichkeiten der Combinationen der verschiedenen Altersclassen bei den Trauungen und den Sterbenswahrscheinlichkeiten dieser Altersclassen in beiden Geschlechtern; die Stetigkeit dieser Elemente aber bedingt auch die relative Stetigkeit des Chancensystems der Verwittwungen.

Die folgende Tabelle gibt ein Beispiel der Vertheilung der im Unterelsass im Jahre 1872 eingetretenen Verwittwungen:

Verwittwungen von Männern.				Verwittwungen von Frauen.			
Alter.	Verwitt-wungen.	Alter.	Verwitt-wungen.	Alter.	Verwitt-wungen.	Alter.	Verwitt-wungen.
Unter 25 J.	26	55—59	187	Unter 25	29	55—59	189
25—29	101	60—64	195	25—29	86	60—64	221
30—34	135	65—69	217	30—34	128	65—69	157
35—39	129	70—74	111	35—39	134	70—74	100
40—44	127	75—79	60	40—44	134	75—79	26
45—49	138	80—84	20	45—49	169	80—84	11
50—54	144	Ueber 85	4	50—54	217	Ueber 85	2

Zwischen ersten und wiederholten Verwittwungen ist nicht unterschieden; das Alter ist in vollen Jahren ausgedrückt, so dass 84 die 85. Altersclasse bezeichnet. Eine Anzahl von Fällen, namentlich Verwittwungen von Frauen im Stadtkreise Strassburg, musste unberücksichtigt bleiben, weil die Angabe des Alters des hinterbliebenen Theiles fehlte oder unleserlich war. Daher kommen auf die 1594 im Ganzen beobachteten Wittwer nur 1603 Wittwen.

Die Zahlen dürften trotz ihrer mässigen Grösse genügen, um den allgemeinen Charakter der Vertheilung hervortreten zu lassen. Dies lässt sich namentlich daraus schliessen, dass die besondere Betrachtung einzelner Theile des Bezirks annähernd dieselbe Vertheilung ergibt. Fassen wir z. B. zusammen: I. die Kreise Strassburg (Stadt- und Landkreis), Hagenau, Erstein, Schlettstadt; II. die Kreise Molsheim, Zabern, Weissenburg, so finden wir für die obigen Altersclassen die Verwittwungszahlen:

Männer.

I. 17 — 63 — 83 — 83 — 83 — 85 — 82 — 120 — 123 — 128 — 64 — 21 — 9 — 3
II. 9 — 38 — 52 — 46 — 44 — 53 — 62 — 67 — 72 — 89 — 47 — 39 — 11 — 1

Frauen.

I. 20 — 53 — 74 — 83 — 76 — 96 — 138 — 115 — 131 — 94 — 53 — 16 — 6 — 1
II. 9 — 33 — 54 — 51 — 58 — 73 — 79 — 74 — 90 — 63 — 47 — 10 — 5 — 1

Trotz der Kleinheit der Zahlen zeigt sich für beide Geschlechter in diesen Reihen, unter sich und mit der obigen Tabelle verglichen, im Grossen und Ganzen ein unverkennbarer Parallelismus des Auf- und Absteigens.

Bei den Männern steigt die Verwittwungszahl bis zur Altersabtheilung 30—34 schnell an, bleibt dann bis zur Abtheilung 55—59 in bemerkenswerther Weise constant, um nun abermals rasch anzusteigen und mit der Classe 70—74 noch schneller zu sinken.

Bei den Frauen ist die Anfangsbewegung der Zahlen ähnlich wie bei den Männern, das Aufsteigen zum Maximum aber beginnt wesentlich früher, schon mit der Altersabtheilung 45—49, während andererseits auch die schliessliche Senkung etwas früher, nämlich mit der Abtheilung 65—69 eintritt.

Eine ungefähre Vorstellung von den Gründen, welche den Lauf dieser Curven bedingen, kann man sich ohne Schwierigkeit bilden.

Die jährliche Zahl der Sterbenden aus einer gegebenen Bevölkerung in den einzelnen Altersclassen von 20 bis etwa 50 Jahren steigt nur langsam an und ist für die beiden Geschlechter nicht sehr verschieden. Bis etwa zum 31. Lebensjahre aber nimmt das Verhältniss der Verehelichten zu der Gesammtbevölkerung und damit die Möglichkeit der Verwittwung rasch zu, daher in diesen Jahren auch das schnelle Wachsen der beobachteten Verwittwungszahlen. In den mittleren Lebensjahren aber treten in den einzelnen Altersclassen verhältnissmässig wenig neue Verehelichte hinzu; der Tod holt von Classe zu Classe ziemlich den gleichen Tribut aus den Männern sowohl wie aus den Frauen; denn die Männer sind zwar im Durchschnitt einige Jahre älter als ihre Ehefrauen, aber diese Differenz macht anfangs für die Sterbenswahrscheinlichkeit wenig Unterschied. Wohl aber tritt dieser Unterschied hervor, wenn die Männer die Funfzig überschreiten; die Sterbezahlen der folgenden Altersclassen nehmen rasch zu, und da die Frauen bei dem Beginne dieser Altersperiode ihrer Männer sich wahrscheinlich grösstentheils in der Classe 45—49 befinden, so tritt für das weibliche Geschlecht mit dieser Altersabtheilung die Ansteigung der Verwittwungszahl ein, die in Folge des Altersvorsprunges der Männer in den nächsten Classen noch zunimmt, bis endlich wegen des raschen Verschwindens der bestehenden Ehen auch die Verwittwungen immer schneller abnehmen.

Ueberleben aber die Männer ihre Frauen, so wird für sie das Ansteigen der Verwittwungszahl in einer späteren Lebensstufe eintreten, nämlich dann, wenn die Frauen in die Periode der schneller zunehmenden Sterblichkeit treten, die Männer also wegen ihres Altersvorsprunges etwa in der Stufe 55—59 stehen.[1])

---

[1]) Nachstehend mögen noch die 1872 entstandenen Verwittwungen für eine Reihe zweijähriger Altersclassen folgen, obwohl diese Zahlen nicht mehr als „grosse" anzusehen sind.

Alter.	Wittwer.	Alter.	Wittwer.	Alter.	Wittwer.	Alter.	Wittwen.	Alter.	Wittwen.	Alter.	Wittwen.
22—23	15	40—41	48	58—59	74	22—23	11	40—41	49	58—59	63
24—25	17	42—43	55	60—61	85	24—25	26	42—43	61	60—61	98
26—27	45	44—45	46	62—63	76	26—27	30	44—45	53	62—63	95
28—29	48	46—47	61	64—65	77	28—29	42	46—47	73	64—65	60
30—31	55	48—49	56	66—67	86	30—31	55	48—49	67	66—67	61
32—33	52	50—51	60	68—69	92	32—33	46	50—51	102	68—69	66
34—35	63	52—53	51	70—71	58	34—35	49	52—53	82	70—71	53
36—37	59	54—55	57	72—73	33	36—37	56	54—55	73	72—73	36
38—39	43	56—57	83	74—75	38	38—39	56	56—57	85	74—75	20

Die obigen Tabellen sind natürlich nicht identisch mit den Verwittwungsordnungen einer männlichen und weiblichen Jahresgeneration, aber sie dürften doch zur Rechtfertigung der im Text gemachten Annahme hinsichtlich der annähernd gleichmässigen Vertheilung der Verwittwungspunkte in einem mässig grossen kubischen oder parallelopipedischen Raume genügen.

Dauer der Verwittwung von wiederheirathenden

Männern (998): Frauen (512):

Jahre.	Fälle.	Jahre.	Fälle.	Jahre.	Fälle.	Jahre.	Fälle.
0—1/2	193	3—4	56	0—1/2	3	3—4	41
1/2—1	216	4—5	27	1/2—1	90	4—5	20
1—1 1/2	214	5—10	61	1—1 1/2	103	5—10	80
1 1/2—2	113	10—15	18	1 1/2—2	70	10—15	21
2—2 1/2	54	15—20	7	2—2 1/2	42	15—20	—
2 1/2—3	37	20—30	2	2 1/2—3	42	20—30	—

Die schnelle Wiederverehelichung der Männer ist bezeichnend.

(Zu S. 77.)

Dass die Vertheilung der Trauungen nach den Monaten durch die Altersverschiedenheit der heirathenden Männer wenig, desto mehr aber dnrch den confessionellen Unterschied beeinflusst wird, ist aus den folgenden Zusammenstellungen ersichtlich.

Trauungen (Unterelsass 1872) nach Monaten:

A. d. Mannes.	Jan.	Febr.	März.	April.	Mai.	Juni.	Juli.	Aug.	Sept.	Oct.	Nov.	Dec.
Katholiken.												
bis incl. 30 J.	380	214	63	303	248	183	175	153	205	185	262	100
über 30 J.	227	143	49	202	124	104	92	98	79	97	148	47
Protestanten (nebst den Israeliten).												
bis incl. 30 J.	113	183	110	205	158	139	123	95	126	159	175	128
über 30 J.	50	58	41	75	71	57	50	41	31	45	49	58

Der Parallelismus der Zahlen ist für jedes Reihenpaar so befriedigend, als man es bei der schwachen Besetzung der höheren Altersabtheilung nur erwarten kann. Von April bis October gehen die vier Reihen sämmtlich annähernd parallel; die geringe Trauungsfrequenz im Sommer ist also durch allgemein wirkende, ohne Zweifel wirthschaftliche, Gründe bedingt. Dagegen tritt in den übrigen fünf Monaten der Einfluss der Confessionsverschiedenheit scharf hervor, indem die Trauungen der Kathotiken aus kirchlichen Rücksichten im December und März auf Minimalziffern sinken, sich aber desto mehr im November und Januar häufen.

Das durch die Fastenzeit bedingte Minimum der Trauungsfrequenz der Katholiken und das unmittelbar folgende zweite Maximum ist natürlich mit dem Datum des Osterfestes beweglich.

(Zu S. 89.)

Bei den Ehen, die im Unterelsass durch den Tod eines der beiden Gatten gelöst wurden (s. Anmerk. S. 132), kam vor die Kinderzahl (incl. Todtgeb.):

1 — 2 — 3 — 4 — 5 — 6 — 7 — 8 — 9 —10—11—12—13—14—15—16—17—18—20
535—736—756—755—553—448—271—245—159—86—40—46—22— 8— 8— 5— 2— 2— 1 Mal.

150 Mal ist die gelösste Ehe ausdrücklich als kinderlos bezeichnet.

Wenn in den Registern die Rubrik „Zahl der in der letzten Ehe geborenen Kinder" unausgefüllt geblieben, so ist die betreffende Ehe gar nicht in Rechnung gezogen worden.

Die Gesammtzahl der beobachteten Ehen mit Einschluss jener 150 beträgt 4828. Es ist wohl nicht ohne Interesse, die grösseren der obigen Zahlen nach Kreisen zu zerlegen:

Kinderzahl:	1	2	3	4	5	6	7	8	9	10	11	12
Stadtkr. Strassburg	36	61	64	54	44	35	16	17	11	6	5	7
Landkr. Strassburg	80	103	101	102	75	65	32	38	20	8	5	6
Erstein	53	78	80	76	58	45	28	22	17	15	6	4
Hagenau	80	93	85	110	82	60	40	39	16	6	5	6
Molsheim	92	111	126	111	87	54	41	28	20	14	9	8
Schlettstadt	71	83	84	100	57	55	44	44	20	13	3	8
Weissenburg	44	82	89	88	63	48	27	23	10	12	4	3
Zabern	79	125	127	114	87	86	43	34	45	12	3	4

Bemerkenswerth ist hier namentlich, dass trotz der kleinen Zahlen in jeder Partialreihe bereits im Ganzen derselbe Lauf der Ziffern erscheint, wie in der Totalreihe: in jedem Kreise fast constante Zahlen unter den Rubriken 2, 3, 4, geringe Differenz zwischen 1 und 5, und von 5 ab allmähliches Sinken.

Die Fruchtbarkeitsordnung der in einem Kalenderjahre gelösten Ehen ist natürlich nicht zu verwechseln mit der ehelichen Reproductionsordnung einer weiblichen Jahresgeneration; immerhin aber haben Reihen dieser Art für die Bestimmung der ehelichen Fruchtbarkeit in einer besonderen Bedeutung des Wortes ebenfalls ihren Werth.

(Zu S. 92.)

Ordnungszahlen der Geburten des Jahres 1872 in den bestehenden Ehen, mit Einschluss der Todtgeborenen.

Die Geburt war die:	Knaben.	Mädchen.	Die Geburt war die:	Knaben.	Mädchen.
1.	2511	2401	6.	762	649
2.	1893	1786	7.	475	499
3.	1561	1658	8.	353	342
4.	1356	1279	9.	214	195
5.	954	927	10.	156	112

Die Geburt war die:	Knaben.	Mädchen.	Die Geburt war die:	Knaben.	Mädchen.
11.	79	56	16.	4	1
12.	45	44	17.	1	4
13.	32	22	18.	3	—
14.	12	7	19.	—	2
15.	5	5	20.	—	2

Gesammtzahl der beobachteten Geburten: 10416 Knaben und 9991 Mädchen.

Vom physiologischen Standpunkte wäre es vielleicht interessanter, wenn die Ordnungszahl der Geburten der Frau (statt der Ehe) erhoben würde.

Aber selbst dann würde es noch immer ein gewagter Schluss sein, wenn man die für ein Kalenderjahr gefundene Reihe der Ordnung der Erst-, Zweit- u. s. w. Geburten einer weiblichen Jahresgeneration annähernd gleichsetzen wollte.

Auf die naheliegende Betrachtung der Sexualverhältnisse gehe ich nicht ein, weil die Zahlen entschieden zu klein sind, um in dieser Richtung irgendwie sichere Schlüsse zu gestatten.

Anmerkung (s. oben S. 131). Unter den hier rücksichtlich ihrer Fruchtbarkeit betrachteten gelösten Ehen befinden sich einige, die nicht im Jahre 1872, sondern schon früher gelöst worden sind. In Folge eines Missverständnisses der Fragestellung ist nämlich in den Urlisten zuweilen auch die Kinderzahl der letzten Ehe von gestorbenen Verwittweten aufgeführt worden.

Tabelle

zur Bestimmung der äussersten und der wahrscheinlichen Abweichungen, entsprechend den Wahrscheinlichkeiten $F_3 = 0{,}9999779$ und $F_\varrho = \frac{1}{2}$

($\varrho = 0{,}47696$).

p	$\log 3\sqrt{2p(1-p)}$	Δ	$\log \varrho\sqrt{2p(1-p)}$	$q = 1-p$	p	$\log 3\sqrt{2p(1-p)}$	Δ	$\log \varrho\sqrt{2p(1-p)}$	$q = 1-p$
0,0010	$\bar{1}.12742$		$\bar{2}.32875$	0,9990	0,060	$\bar{1}.47603$	436	$\bar{2}.67736$	0,9950
0,0015	$\bar{1}.21536$		$\bar{2}.41669$	0,9985	0,061	$\bar{1}.48031$	428	$\bar{2}.68164$	0,9949
0,0020	$\bar{1}.27777$		$\bar{2}.47910$	0,9980	0,062	$\bar{1}.48451$	420	$\bar{2}.68584$	0,9948
0,0025	$\bar{1}.32616$		$\bar{2}.52749$	0,9975	0,063	$\bar{1}.48862$	411	$\bar{2}.68995$	0,9947
0,0030	$\bar{1}.36554$		$\bar{2}.56687$	0,9970	0,064	$\bar{1}.49266$	404	$\bar{2}.69399$	0,9946
0,0035	$\bar{1}.39891$		$\bar{2}.60024$	0,9965	0,065	$\bar{1}.49662$	396	$\bar{2}.69795$	0,9945
0,0036	$\bar{1}.40501$	610	$\bar{2}.60634$	0,9964	0,066	$\bar{1}.50051$	389	$\bar{2}.70184$	0,9944
0,0037	$\bar{1}.41093$	592	$\bar{2}.61226$	0,9963	0,067	$\bar{1}.50433$	382	$\bar{2}.70566$	0,9343
0,0038	$\bar{1}.41670$	577	$\bar{2}.61803$	0,9962	0,068	$\bar{1}.50809$	376	$\bar{2}.70942$	0,9942
0,0039	$\bar{1}.42232$	562	$\bar{2}.62365$	0,9961	0,009	$\bar{1}.51178$	369	$\bar{2}.71311$	0,9941
0,0040	$\bar{1}.42780$	548	$\bar{2}.62913$	0,9960	0,000	$\bar{1}.51541$	363	$\bar{2}.71673$	0,9940
0,0041	$\bar{1}.43314$	534	$\bar{2}.63447$	0,9959	0,001	$\bar{1}.51897$	357	$\bar{2}.72030$	0,9939
0,0042	$\bar{1}.43835$	521	$\bar{2}.63968$	0,9958	0,002	$\bar{1}.52248$	351	$\bar{2}.72381$	0,9938
0,0043	$\bar{1}.44344$	509	$\bar{2}.64476$	0,9957	0,003	$\bar{1}.52593$	345	$\bar{2}.72726$	0,9937
0,0044	$\bar{1}.44841$	497	$\bar{2}.64973$	0,9956	0,004	$\bar{1}.52933$	340	$\bar{2}.73066$	0,9936
0,0045	$\bar{1}.45326$	486	$\bar{2}.65459$	0,9955	0,005	$\bar{1}.53268$	335	$\bar{2}.73401$	0,9935
0,0046	$\bar{1}.45801$	475	$\bar{2}.65934$	0,9954	0,006	$\bar{1}.53597$	329	$\bar{2}.73730$	0,9934
0,0047	$\bar{1}.46266$	465	$\bar{2}.66399$	0,9953	0,007	$\bar{1}.53921$	324	$\bar{2}.74054$	0,9933
0,0048	$\bar{1}.49721$	455	$\bar{2}.66854$	0,9952	0,008	$\bar{1}.54241$	320	$\bar{2}.74374$	0,9932
0,0049	$\bar{1}.47167$	446	$\bar{2}.67300$	0,9951	0,009	$\bar{1}.54556$	315	$\bar{2}.74689$	0,9931

p	$\log 3\sqrt{2p(1-p)}$	Δ	$\log \varrho\sqrt{2p(1-p)}$	$q = 1-p$	p	$\log 3\sqrt{2p(1-p)}$	Δ	$\log \varrho\sqrt{2p(1-p)}$	$q = 1-p$
0,0070	$\bar{1}.54866$	310	$\bar{2}.74999$	0,9930	0,0105	$\bar{1}.63594$	206	$\bar{2}.83727$	0,9895
0,0071	$\bar{1}.55172$	306	$\bar{2}.75305$	0,9929	0,0106	$\bar{1}.63797$	203	$\bar{2}.83930$	0,9894
0,0072	$\bar{1}.55473$	301	$\bar{2}.75606$	0,9928	0,0107	$\bar{1}.63999$	201	$\bar{2}.84132$	0,9893
0,0073	$\bar{1}.55771$	298	$\bar{2}.75904$	0,9927	0,0108	$\bar{1}.64199$	200	$\bar{2}.84332$	0,9892
0,0074	$\bar{1}.56064$	293	$\bar{2}.76197$	0,9926	0,0109	$\bar{1}.64397$	198	$\bar{2}.84530$	0,9891
0,0075	$\bar{1}.56353$	289	$\bar{2}.76486$	0,9925	0,0110	$\bar{1}.64593$	196	$\bar{2}.84726$	0,9890
0,0076	$\bar{1}.56639$	286	$\bar{2}.76772$	0,9924	0,0111	$\bar{1}.64787$	194	$\bar{2}.84920$	0,9889
0,0077	$\bar{1}.56920$	281	$\bar{2}.77053$	0,9923	0,0112	$\bar{1}.64980$	193	$\bar{2}.85113$	0,9888
0,0078	$\bar{1}.57198$	278	$\bar{2}.77331$	0,9922	0,0113	$\bar{1}.65171$	191	$\bar{2}.85304$	0,9887
0,0079	$\bar{1}.57473$	275	$\bar{2}.77606$	0,9921	0,0114	$\bar{1}.65360$	189	$\bar{2}.85493$	0,9886
0,0080	$\bar{1}.57744$	271	$\bar{2}.77877$	0,9920	0,0115	$\bar{1}.65547$	187	$\bar{2}.85680$	0,9885
0,0081	$\bar{1}.58011$	267	$\bar{2}.78144$	0,9919	0,0116	$\bar{1}.65733$	186	$\bar{2}.85866$	0,9884
0,0082	$\bar{1}.58276$	265	$\bar{2}.78408$	0,9918	0,0117	$\bar{1}.65917$	184	$\bar{2}.86050$	0,9883
0,0083	$\bar{1}.58537$	261	$\bar{2}.78670$	0,9917	0,0118	$\bar{1}.66100$	183	$\bar{2}.86233$	0,9882
0,0084	$\bar{1}.58794$	257	$\bar{2}.78927$	0,9916	0,0119	$\bar{1}.66281$	181	$\bar{2}.86414$	0,9881
0,0085	$\bar{1}.59049$	255	$\bar{2}.79182$	0,9915	0,0120	$\bar{1}.66461$	180	$\bar{2}.86593$	0,9880
0,0086	$\bar{1}.59301$	252	$\bar{2}.79434$	0,9914	0,0121	$\bar{1}.66639$	178	$\bar{2}.86771$	0,9879
0,0087	$\bar{1}.59550$	249	$\bar{2}.79683$	0,9913	0,0122	$\bar{1}.66815$	176	$\bar{2}.86948$	0,9878
0,0088	$\bar{1}.59796$	246	$\bar{2}.79929$	0,9912	0,0123	$\bar{1}.66990$	175	$\bar{2}.87123$	0,9877
0,0089	$\bar{1}.60039$	243	$\bar{2}.80172$	0,9911	0,0124	$\bar{1}.67164$	174	$\bar{2}.87297$	0,9876
0,0090	$\bar{1}.60280$	241	$\bar{2}.80412$	0,9910	0,0125	$\bar{1}.67336$	172	$\bar{2}.87469$	0,9875
0,0091	$\bar{1}.60517$	237	$\bar{2}.80650$	0,9909	0,0130	$\bar{1}.68177$	841	$\bar{2}.88310$	0,9870
0,0092	$\bar{1}.60752$	235	$\bar{2}.80885$	0,9908	0,0135	$\bar{1}.68985$	808	$\bar{2}.89118$	0,9865
0,0093	$\bar{1}.60985$	233	$\bar{2}.81118$	0,9907	0,0140	$\bar{1}.69764$	779	$\bar{2}.89897$	0,9860
0,0094	$\bar{1}.61215$	230	$\bar{2}.81348$	0,9906	0,0145	$\bar{1}.70515$	751	$\bar{2}.90648$	0,9855
0,0095	$\bar{1}.61443$	228	$\bar{2}.81575$	0,9905	0,0150	$\bar{1}.71240$	725	$\bar{2}.91373$	0,9850
0,0096	$\bar{1}.61668$	225	$\bar{2}.81801$	0,9904	0,0155	$\bar{1}.71941$	701	$\bar{2}.92074$	0,9845
0,0097	$\bar{1}.61891$	223	$\bar{2}.82023$	0,9903	0,0160	$\bar{1}.72619$	678	$\bar{2}.92752$	0,9840
0,0098	$\bar{1}.62111$	220	$\bar{2}.82244$	0,9902	0,0165	$\bar{1}.73277$	658	$\bar{2}.93409$	0,9835
0,0099	$\bar{1}.62329$	218	$\bar{2}.82462$	0,9901	0,0170	$\bar{1}.73914$	637	$\bar{2}.94047$	0,9830
0,0100	$\bar{1}.62545$	216	$\bar{2}.82678$	0,9900	0,0175	$\bar{1}.74532$	618	$\bar{2}.94665$	0,9825
0,0101	$\bar{1}.62759$	214	$\bar{2}.82892$	0,9899	0,0180	$\bar{1}.75133$	601	$\bar{2}.95266$	0,9820
0,0102	$\bar{1}.62971$	212	$\bar{2}.83104$	0,9898	0,0185	$\bar{1}.75717$	584	$\bar{2}.95850$	0,9815
0,0103	$\bar{1}.63181$	210	$\bar{2}.83314$	0,9897	0,0190	$\bar{1}.76285$	568	$\bar{2}.96418$	0,9810
0,0104	$\bar{1}.63388$	207	$\bar{2}.83521$	0,9896	0,0195	$\bar{1}.76838$	553	$\bar{2}.96971$	0,9805

p	$\log 3\sqrt{2p(1-p)}$	Δ	$\log \varrho\sqrt{2p(1-p)}$	$q = 1-p$
0,0200	$\bar{1}$.77376	538	$\bar{2}$.97509	0,9800
0,0205	$\bar{1}$.77901	525	$\bar{2}$.98034	0,9795
0,0210	$\bar{1}$.78414	513	$\bar{2}$.98547	0,9790
0,0215	$\bar{1}$.78914	500	$\bar{2}$.99047	0,9785
0,0220	$\bar{1}$.79402	488	$\bar{2}$.99535	0,9780
0,0225	$\bar{1}$.79879	477	$\bar{1}$.00012	0,9775
0,0230	$\bar{1}$.80345	466	$\bar{1}$.00478	0,9770
0,0235	$\bar{1}$.80801	456	$\bar{1}$.00934	0,9765
0,0240	$\bar{1}$.81247	446	$\bar{1}$.01380	0,9760
0,0245	$\bar{1}$.81683	436	$\bar{1}$.01816	0,9755
0,0250	$\bar{1}$.82111	428	$\bar{1}$.02244	0,9750
0,0255	$\bar{1}$.82530	419	$\bar{1}$.02663	0,9745
0,0260	$\bar{1}$.82940	410	$\bar{1}$.03073	0,9740
0,0265	$\bar{1}$.83343	403	$\bar{1}$.03476	0,9735
0,0270	$\bar{1}$.83738	395	$\bar{1}$.03870	0,9730
0,0275	$\bar{1}$.84125	387	$\bar{1}$.04258	0,9725
0,0280	$\bar{1}$.84505	380	$\bar{1}$.04638	0,9720
0,0285	$\bar{1}$.84878	373	$\bar{1}$.05011	0,9715
0,0290	$\bar{1}$.85245	367	$\bar{1}$.05377	0,9710
0,0295	$\bar{1}$.85605	360	$\bar{1}$.05737	0,9705
0,030	$\bar{1}$.85958	353	$\bar{1}$.06091	0,970
0,031	$\bar{1}$.86648	690	$\bar{1}$.06781	0,969
0,032	$\bar{1}$.87315	667	$\bar{1}$.07448	0,968
0,033	$\bar{1}$.87961	646	$\bar{1}$.08094	0,967
0,034	$\bar{1}$.88586	625	$\bar{1}$.08719	0,966
0,035	$\bar{1}$.89193	607	$\bar{1}$.09326	0,965
0,036	$\bar{1}$.89783	590	$\bar{1}$.09916	0,964
0,037	$\bar{1}$.90355	572	$\bar{1}$.10488	0,963
0,038	$\bar{1}$.90912	557	$\bar{1}$.11044	0,962
0,039	$\bar{1}$.91453	541	$\bar{1}$.11586	0,961
0,040	$\bar{1}$.91980	527	$\bar{1}$.12113	0,960
0,041	$\bar{1}$.92494	514	$\bar{1}$.12627	0,959
0,042	$\bar{1}$.92994	500	$\bar{1}$.13127	0,958
0,043	$\bar{1}$.93483	489	$\bar{1}$.13616	0,957
0,044	$\bar{1}$.93959	476	$\bar{1}$.14092	0,956

p	$\log 3\sqrt{2p(1-p)}$	Δ	$\log \varrho\sqrt{2p(1-p)}$	$q = 1-p$
0,045	$\bar{1}$.94424	465	$\bar{1}$.14557	0,955
0,046	$\bar{1}$.94879	455	$\bar{1}$.15012	0,954
0,047	$\bar{1}$.95323	444	$\bar{1}$.15456	0,953
0,048	$\bar{1}$.95758	435	$\bar{1}$.15890	0,952
0,049	$\bar{1}$.96183	425	$\bar{1}$.16315	0,951
0,050	$\bar{1}$.96598	415	$\bar{1}$.16731	0,950
0,051	$\bar{1}$.97005	407	$\bar{1}$.17138	0,949
0,052	$\bar{1}$.97404	399	$\bar{1}$.17537	0,948
0,053	$\bar{1}$.97795	391	$\bar{1}$.17928	0,947
0,054	$\bar{1}$.98178	383	$\bar{1}$.18311	0,946
0,055	$\bar{1}$.98553	375	$\bar{1}$.18686	0,945
0,056	$\bar{1}$.98922	369	$\bar{1}$.19055	0,944
0,057	$\bar{1}$.99283	361	$\bar{1}$.19416	0,943
0,058	$\bar{1}$.99638	355	$\bar{1}$.19770	0,942
0,059	$\bar{1}$.99986	348	$\bar{1}$.20119	0,941
0,060	0.00328	342	$\bar{1}$.20460	0,940
0,061	0.00663	335	$\bar{1}$.20796	0,939
0,062	0.00993	330	$\bar{1}$.21126	0,938
0,063	0.01318	325	$\bar{1}$.21451	0,937
0,064	0.01636	318	$\bar{1}$.21769	0,936
0,065	0.01950	314	$\bar{1}$.22083	0,935
0,066	0.02258	308	$\bar{1}$.22391	0,934
0,067	0.02562	304	$\bar{1}$.22694	0,933
0,068	0.02860	298	$\bar{1}$.22993	0,632
0,069	0.03154	294	$\bar{1}$.23287	0,931
0,070	0.03443	289	$\bar{1}$.23576	0,930
0,071	0.03727	284	$\bar{1}$.23860	0,929
0,072	0.04008	281	$\bar{1}$.24141	0,928
0,073	0.04284	276	$\bar{1}$.24417	0,927
0,074	0.04556	272	$\bar{1}$.24689	0,924
0,075	0.04824	268	$\bar{1}$.24957	0,925
0,076	0.05088	264	$\bar{1}$.25221	0,924
0,077	0.05348	260	$\bar{1}$.25481	0,923
0,078	0.05605	257	$\bar{1}$.25738	0,922
0,079	0.05858	253	$\bar{1}$.25991	0,921

p	$\log 3\sqrt{2p(1-p)}$	Δ	$\log \varrho\sqrt{2p(1-p)}$	$q = 1-p$	p	$\log 3\sqrt{2p(1-p)}$	Δ	$\log \varrho\sqrt{2p(1-p)}$	$q = 1-p$
0,080	0.06108	250	$\bar{1}.26240$	0,920	0,122	0.14256	309	$\bar{1}.34389$	0,878
0,081	0.06354	246	$\bar{1}.26487$	0,919	0,125	0.14710	453	$\bar{1}.34842$	0,875
0,082	0.06597	243	$\bar{1}.26729$	0,918	0,127	0.15005	295	$\bar{1}.35137$	0,873
0,083	0.06836	239	$\bar{1}.26969$	0,917	0,130	0.15437	432	$\bar{1}.35570$	0,870
0,084	0.07072	236	$\bar{1}.27205$	0,916	0,132	0.15718	281	$\bar{1}.35851$	0,868
0,085	0.07306	234	$\bar{1}.27439$	0,915	0,135	0.16131	413	$\bar{1}.36264$	0,865
0,086	0.07536	230	$\bar{1}.27669$	0,914	0,137	0.16400	269	$\bar{1}.36533$	0,863
0,087	0.07763	227	$\bar{1}.27896$	0,913	0,140	0.16795	395	$\bar{1}.36928$	0,860
0,088	0.07987	224	$\bar{1}.28120$	0,912	0,142	0.17052	257	$\bar{1}.37185$	0,858
0,089	0.08209	222	$\bar{1}.28342$	0,911	0,145	0.17430	376	$\bar{1}.37563$	0,855
0,090	0.08428	219	$\bar{1}.28561$	0,910	0,147	0.17677	247	$\bar{1}.37810$	0,853
0,091	0.08644	216	$\bar{1}.28777$	0,909	0,150	0.18039	362	$\bar{1}.38172$	0,850
0,092	0.08857	213	$\bar{1}.28990$	0,908	0,152	0.18276	237	$\bar{1}.38409$	0,848
0,093	0.09068	211	$\bar{1}.29201$	0,907	0,155	0.18623	347	$\bar{1}.38756$	0,845
0,094	0.09276	208	$\bar{1}.29409$	0,906	0,157	0.18850	227	$\bar{1}.38983$	0,843
0,095	0.09482	206	$\bar{1}.29615$	0,905	0,160	0.19184	334	$\bar{1}.39317$	0,340
0,096	0.09686	204	$\bar{1}.29819$	0,904	0,162	0.19402	218	$\bar{1}.39535$	0,838
0,097	0.09887	201	$\bar{1}.30020$	0,903	0,165	0.19722	320	$\bar{1}.39855$	0,835
0,098	0.10085	198	$\bar{1}.30218$	0,902	0,167	0.19932	210	$\bar{1}.40015$	0,833
0,099	0.10281	196	$\bar{1}.30414$	0,901	0,170	0.20240	308	$\bar{1}.40373$	0,830
0,100	0.10476	195	$\bar{1}.30609$	0,900	0,175	0.20738	498	$\bar{1}.40871$	0,825
0,101	0.10668	192	$\bar{1}.30801$	0,899	0,180	0.21218	480	$\bar{1}.41351$	0,820
0,102	0.10857	189	$\bar{1}.30990$	0,898	0,185	0.21680	462	$\bar{1}.41813$	0,815
0,103	0.11045	188	$\bar{1}.31178$	0,897	0,190	0.22126	446	$\bar{1}.42259$	0,810
0,104	0.11231	186	$\bar{1}.31364$	0,896	0,195	0.22555	429	$\bar{1}.42688$	0,805
0,105	0.11414	183	$\bar{1}.31547$	0,895	0,200	0.22970	415	$\bar{1}.43103$	0,800
0,106	0.11596	182	$\bar{1}.31729$	0,894	0,205	0.23370	400	$\bar{1}.43503$	0,795
0,107	0.11775	179	$\bar{1}.31908$	0,893	0,210	0.23756	386	$\bar{1}.43889$	0,790
0,108	0.11953	178	$\bar{1}.32086$	0,892	0,215	0.24129	373	$\bar{1}.44262$	0,785
0,109	0 12129	176	$\bar{1}.32262$	0,891	0,220	0.24490	361	$\bar{1}.44622$	0,780
0,110	0.12303	174	$\bar{1}.32436$	0,890	0,225	0.24838	348	$\bar{1}.44971$	0,775
0,112	0.12645	342	$\bar{1}.32778$	0,888	0,230	0.25175	337	$\bar{1}.45308$	0,770
0,115	0.13146	501	$\bar{1}.33279$	0,885	0,235	0.25500	325	$\bar{1}.45633$	0,765
0,117	0.13471	325	$\bar{1}.33604$	0,883	0,240	0.25815	315	$\bar{1}.45948$	0,760
0,120	0.13947	476	$\bar{1}.34080$	0,880	0,245	0.26119	304	$\bar{1}.46252$	0.755

p	$\log 3\sqrt{2p(1-p)}$	Δ	$\log \varrho\sqrt{2p(1-p)}$	$q = 1-p$	p	$\log 3\sqrt{2p(1-p)}$	Δ	$\log \varrho\sqrt{2p(1-p)}$	$q = 1-q$
0,250	0.26414	295	$\bar{1}.46547$	0,750	0,375	0.31259	118	$\bar{1}.51392$	0,625
0,255	0.26698	284	$\bar{1}.46831$	0,745	0,380	0.31372	113	$\bar{1}.51505$	0,620
0,260	0.26974	276	$\bar{1}.47107$	0,740	0,385	0.31480	108	$\bar{1}.51613$	0,615
0,265	0.27240	266	$\bar{1}.47373$	0,735	0,390	0.31583	103	$\bar{1}.51716$	0,610
0,270	0.27498	258	$\bar{1}.47631$	0,730	0,395	0.31681	98	$\bar{1}.51814$	0,605
0,275	0.27747	249	$\bar{1}.47880$	0,725	0,400	0.31774	93	$\bar{1}.51907$	0,600
0,280	0.27988	241	$\bar{1}.48121$	0,720	0,405	0.31862	88	$\bar{1}.51995$	0,595
0,285	0.28221	233	$\bar{1}.48354$	0,715	0,410	0.31945	83	$\bar{1}.52078$	0,590
0,290	0.28446	225	$\bar{1}.48579$	0,710	0,415	0.32024	79	$\bar{1}.52157$	0,585
0,295	0.28664	218	$\bar{1}.48797$	0,705	0,420	0.32098	74	$\bar{1}.52230$	0,580
0,300	0.28875	211	$\bar{1}.49008$	0,700	0,425	0.32167	69	$\bar{1}.52299$	0,575
0,305	0.29078	203	$\bar{1}.49211$	0,695	0,430	0.32231	64	$\bar{1}.52364$	0,570
0,310	0.29274	196	$\bar{1}.49407$	0,690	0,435	0.32291	60	$\bar{1}.52423$	0,565
0,315	0.29464	190	$\bar{1}.49597$	0,685	0,440	0.32346	55	$\bar{1}.52479$	0,560
0,320	0.29647	183	$\bar{1}.49780$	0,680	0,445	0.32396	50	$\bar{1}.52529$	0,555
0,325	0.29823	176	$\bar{1}.49956$	0,675	0,450	0.32442	46	$\bar{1}.52575$	0,550
0,330	0.29993	170	$\bar{1}.50126$	0,670	0,455	0.32484	42	$\bar{1}.52617$	0,545
0,335	0.30157	164	$\bar{1}.50290$	0,665	0,460	0.32521	37	$\bar{1}.52654$	0,540
0,340	0.30315	158	$\bar{1}.50448$	0,660	0,465	0.32554	33	$\bar{1}.52687$	0,535
0,345	0.30467	152	$\bar{1}.50600$	0,655	0,470	0.32582	28	$\bar{1}.52715$	0,530
0,350	0.30613	146	$\bar{1}.50746$	0,650	0,475	0.32606	24	$\bar{1}.52739$	0,525
0,355	0.30753	140	$\bar{1}.50886$	0,645	0,480	0.32626	20	$\bar{1}.52759$	0,520
0,360	0.30888	135	$\bar{1}.51021$	0,640	0,485	0.32641	15	$\bar{1}.52774$	0,515
0,365	0.31017	129	$\bar{1}.51150$	0,635	0,490	0.32652	11	$\bar{1}.52785$	0,510
0,370	0.31141	124	$\bar{1}.51274$	0,630	0,500	0.32661	9	$\bar{1}.52794$	0,500

Druck von E. Pöschel & Co. in Leipzig.

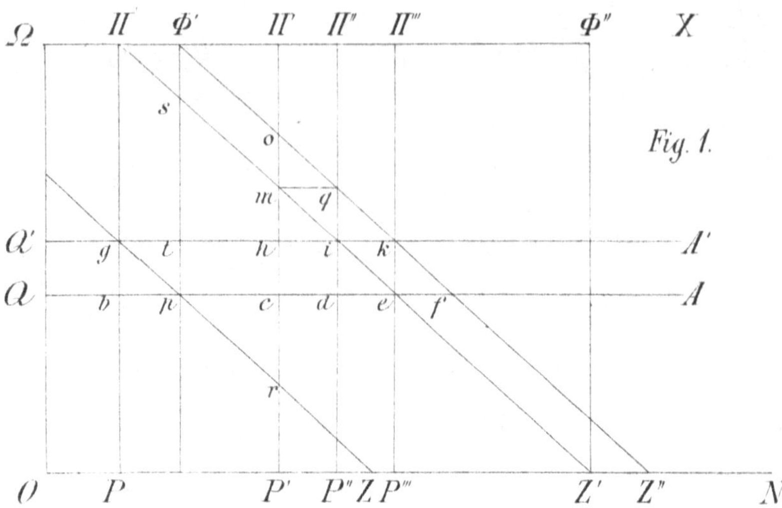
Ω
Π
Φ'
Π'
Π''
Π'''
Φ''
X
s
o
m
q
α'
g
t
h
i
k
A'
α
b
p
c
d
e
f
A
r
O
P
P'
P''
Z
P'''
Z'
Z''
N

Fig. 1.

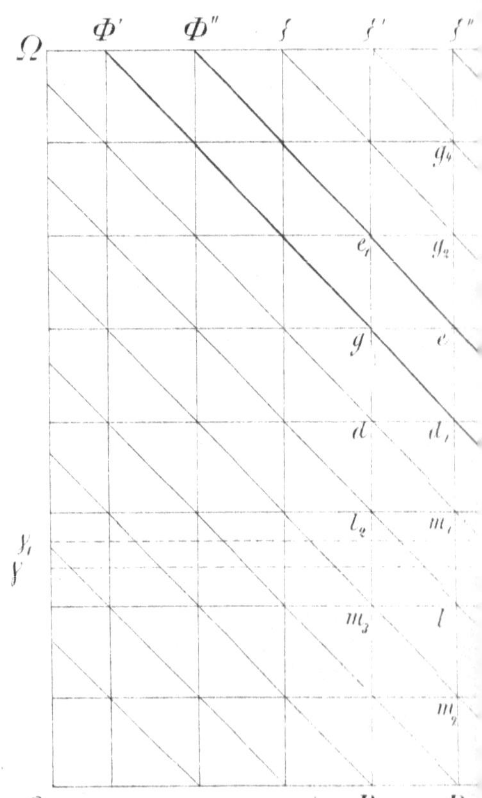
Ω
Φ'
Φ''
ξ
ξ'
ξ''
g₄
e₁
g₂
g
e
d
d₁
l₂
m₁
y₁
y
m₃
l
m₂
O
B₁
B

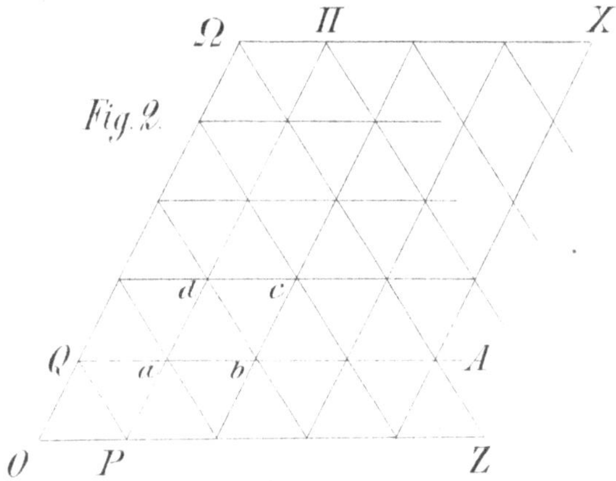

Fig. 2.

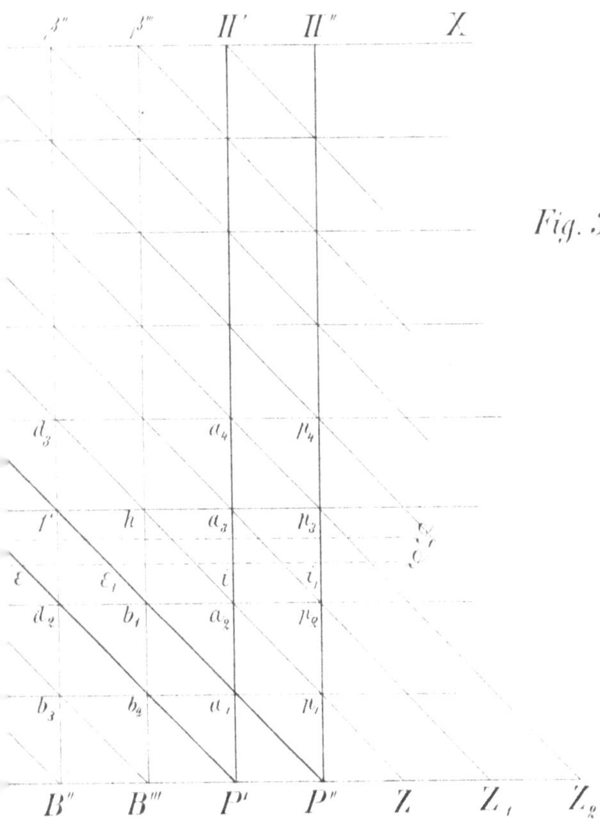

Fig. 3.

Fig. 4

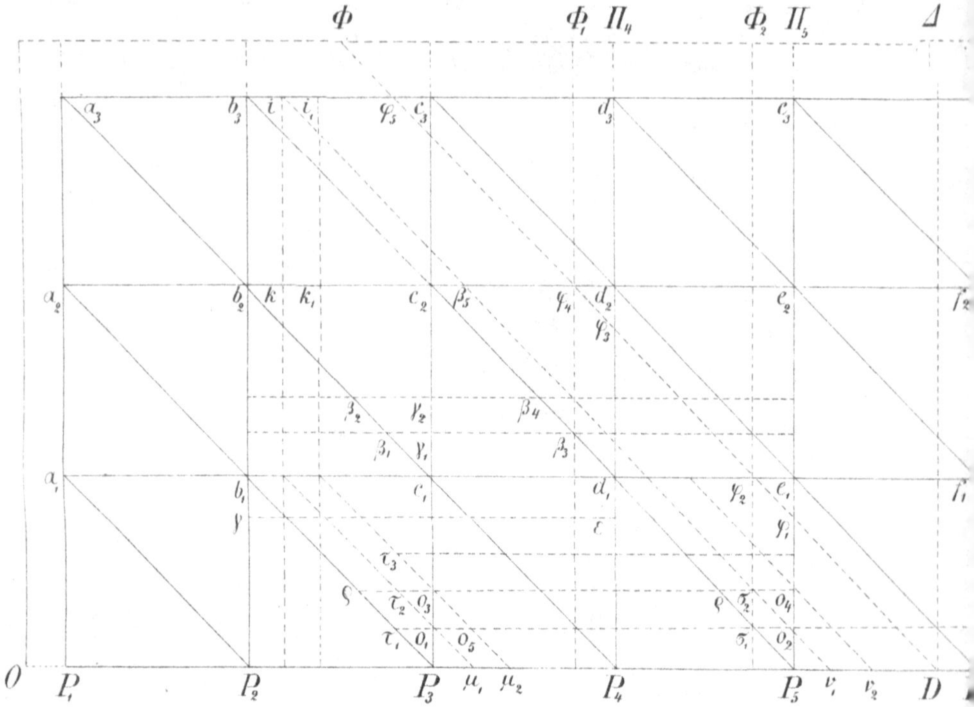

Φ
Φ₁ Π₄
Φ₂ Π₅
Δ
O
P₁
P₂
P₃
μ₁ μ₂
P₄
P₅
ν₁ ν₂
D

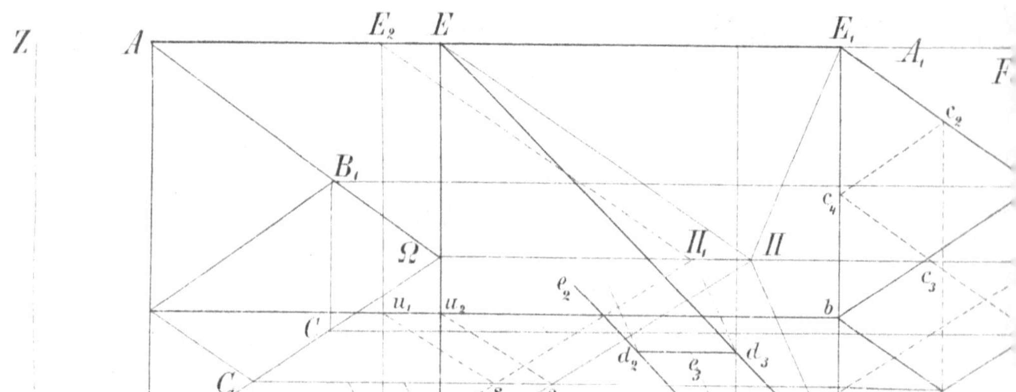

Z
A
E₂ E
E₁
A₁
F
B₁
Ω
Π₁ Π
C
C₁
H
H₁
u₁ u₂
s₁ s₂
e₁ e
d₁ d
d₂ d₃ e₂ e₃
b
c₁ c₂ c₃ c₄
O
P₁ P₂
D
P N

Taf. II.

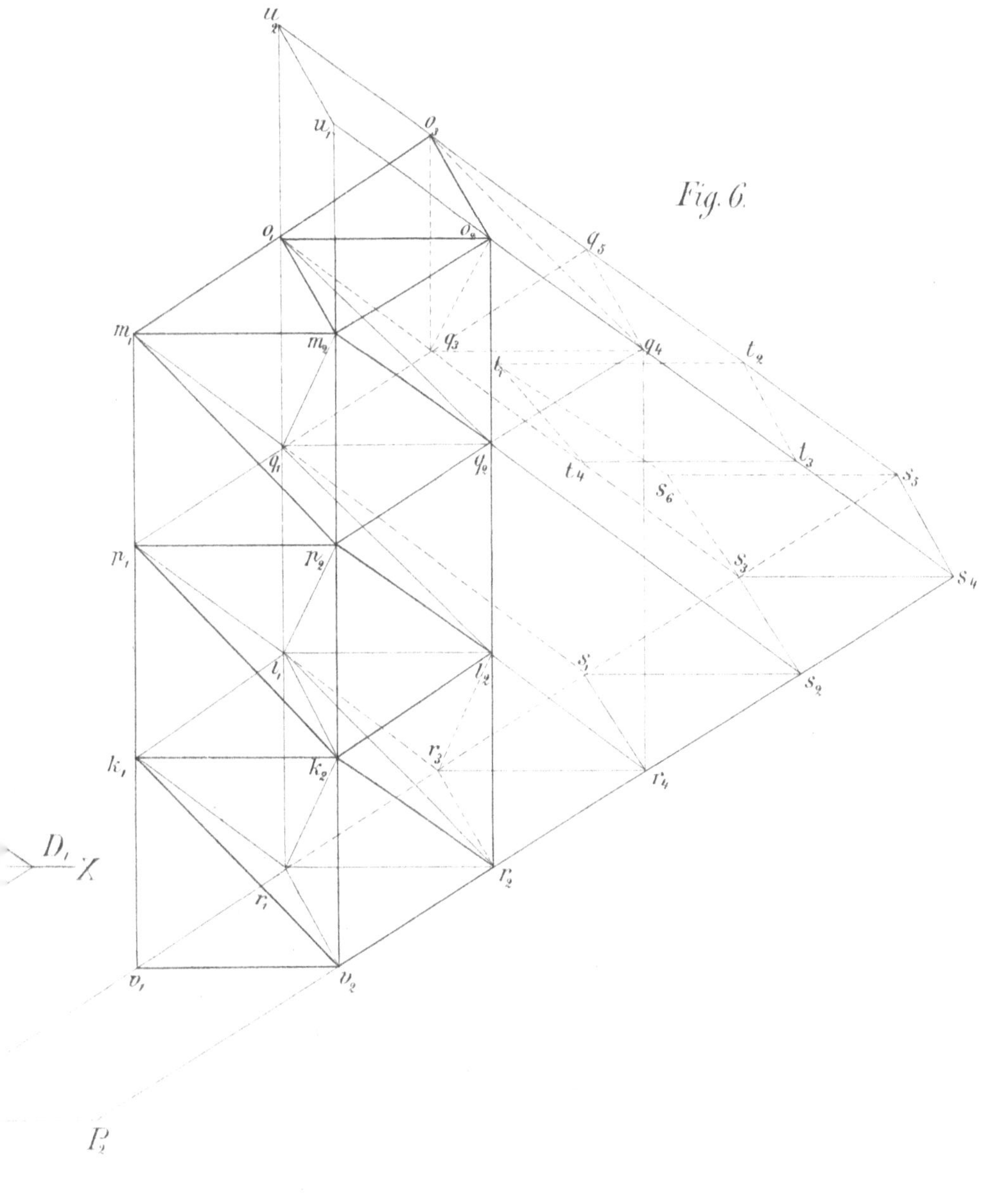
u2
u1
o3
o1
o2
q5
m1
m2
q3
q4
t2
t1
q1
q2
t4
t3
s5
s6
p1
p2
s3
s4
l1
l2
s1
s2
r3
k1
k2
r4
D1
X
r2
r1
v1
v2
P2

Fig. 6.

FSC
www.fsc.org
MIX
Papier | Fördert gute Waldnutzung
FSC® C083411

Zeitfracht Medien GmbH
Ferdinand-Jühlke-Straße 7
99095 Erfurt, Deutschland
produktsicherheit@kolibri360.de